《跟着科学游温州》编委会／编

跟着科学游温州

走进温州市科普教育基地

西泠印社出版社

图书在版编目（CIP）数据

跟着科学游温州 ： 走进温州市科普教育基地 / 《跟着科学游温州》编委会编. -- 杭州 ： 西泠印社出版社, 2025. 2. -- ISBN 978-7-5508-4772-9

Ⅰ. N4

中国国家版本馆CIP数据核字第20252026V9号

跟着科学游温州：走进温州市科普教育基地

《跟着科学游温州》编委会　编

责任编辑　伍　佳
责任出版　杨飞凤
责任校对　曹　卓
装帧设计　施焙烽
出版发行　西泠印社出版社
（杭州市西湖文化广场 32 号 5 楼　邮政编码　310014）
经　　销　全国新华书店
制　　版　浙江新阅读文化传播有限公司
印　　刷　浙江南方立邦印业有限公司
开　　本　880mm×1230mm　1/32
字　　数　130 千字
印　　张　6.5
印　　数　0001—2000
书　　号　ISBN 978-7-5508-4772-9
版　　次　2025 年 2 月第 1 版　第 1 次印刷
定　　价　46.00 元

西泠印社出版社发行部联系方式：（0571) 87243079

编委会

指导

林建波

策划

陈国作　隋慧杰

主编

张小华　范成武

副主编

刘光道　刘诗梦　陈哲斐

编委

方心滢　董少琴　陈天真

监审科：王[illegible]

电教馆：叶美良

送检：2025.10.15

序 言

瓯江的浪潮、雁荡的奇峰；南戏的婉转、木雕的雅致；从朔门古港到百工之乡，温州这片土地上始终有一种探索创新的精神在传扬；改革开放初期温州人“敢为天下先”的豪迈，更给人们留下了难以磨灭的印象。

我在少年时代有幸结缘温州，得益于著名作家叶永烈先生。这位温州籍的科普前辈是我的科学启蒙人之一，也是我在科普创作上的“导师”，他对我的事业和人生产生了重要影响，深为我所敬仰。他笔下时常流淌着对科学的热爱和对家乡的深情，我在成年后与他的亲密交往中更为真切地感受到了这一点，这份传承也让我对温州的科普事业充满了敬意与期待。

最近几年里，应温州市科协和无料书铺的热忱邀请，我多次来到温州参加科普活动。每一次抵达，都被这座城市在科普教育工作上的不懈努力与不凡业绩所感染：政府将“科普惠民”放到重要位置，企业以科技展厅为文化名片，学校把实践课堂搬进博物馆……温州人用行动诠释着“科学不仅是知识，更是生活方式”的理念。从政府到民间，从校园到社区，科普的触角延伸至每一个角落，激发了无数青少年乃至成年人的科学梦想，也为城市的创新发展注入了不竭的动力。

恰逢国家《全民科学素质行动规划纲要（2021—2035 年）》深入推进之际，《跟着科学游温州——走进温州市科普教育基地》

一书应运而生。这本书期望通过生动有趣的笔触，带领读者走进温州市的科普教育基地，探索科学的奥秘，感受知识的魅力，让科普之旅成为一次心灵的洗礼，一次智慧的启迪。在我看来，这不仅是一本内涵丰富的导览手册，更是一部记录温州市科普创新实践的“立体年鉴”。

作为国内科普教育的先锋，温州市目前拥有 5 个国家级科普教育基地、25 个省级科普教育基地及 178 个市级科普教育基地。这些基地如同科普工作海洋上的灯塔，照亮了科普教育的未来之路。本书精心采写了 30 个具有代表性的科普教育基地，其中 5 个国家级科普教育基地更是亮点纷呈，它们不仅展示了温州市在科普教育领域的深厚底蕴，也彰显了温州人对科学精神的执着追求。

温州医科大学眼健康科普馆，作为国内首个以眼健康为主题的科普馆，集科普教育、学术研究、社会服务于一体，通过高科技互动体验、实物展示、科普讲座等多种形式，普及眼健康知识，提高公众的爱眼护眼意识。在这个充满科技感的场馆里，每一个细节都透露出对生命健康的尊重与关怀。

温州科技馆，作为温州市科普教育的标志性建筑，以其宏大的规模、丰富的展品、先进的设施，成为公众了解科学、体验科学、热爱科学的重要平台。从基础科学到前沿技术，从儿童乐园到成人探索区，科技馆以其独特的魅力，吸引着不同年龄段的观众，让科学的光芒照亮每个人的心灵。

温州市学生实践学校，则是一所集实践性、探究性、创新性于一体的综合实践教育基地。它通过开展丰富多彩的实践活动，如科技创新、劳动教育、社会实践等，培养学生的创新精神和实践能力，让学生在实践中学习，在体验中成长，为未来的社会发展培养更多具有科学素养和创新能力的复合型人才。

平阳县苏步青励志教育馆，是以我国著名数学家、教育家苏步青先生命名的科普教育基地。这里不仅收藏了大量有关苏步青先生生平事迹和学术成就的资料，还通过互动展览、数学游戏等形式，让参观者在轻松愉快的氛围中领略数学的魅力，激发对数学的兴趣和热爱。苏步青先生的一生，是对“学无止境，气有浩然”的最好诠释，他的故事激励着每一位来访者勇攀科学高峰。

雁荡山博物馆，则是自然与人文完美结合的典范。它依托雁荡山独特的自然风光，结合地质学、生物学等多学科知识，展示了雁荡山的地质变迁、生物多样性以及丰富的文化内涵。在这里，游客不仅能欣赏到“海上名山、寰中绝胜”的自然美景，还能深入了解地球科学的奥秘，感受大自然的鬼斧神工。

这五个国家级科普教育基地，只是温州市科普教育事业的冰山一角。每一个基地都以其独特的魅力，讲述着科学的故事，传递着知识的力量。而《跟着科学游温州——走进温州市科普教育基地》一书，正是对这些精彩故事的集中展现，它如同一扇窗，让读者得以窥见温州科普教育的全貌，感受这座城市在科普道路上的坚定步伐与辉煌成就。

此外，本书还收录了其他多个市级、省级科普教育基地的精彩内容。它们各具特色，无论是科学巨匠的精神足迹、文化长河的深度漫游、自然奥秘的奇妙探索，还是地方产业的科技新篇、科技创新的前沿探索、科普研学的实践乐章，都共同构成了温州科普教育的绚烂图景。

今日之中国，正从“人口红利”转向“人才红利”。科普教育，就是播撒火种的犁铧。我相信，当更多的城市能够像温州一样，把科普基地变成“没有围墙的课堂”；当更多的公民学会用科学思维认知世界，我们便能在不确定的时代找到确定的发展坐标。基于这样的认识，我特别乐意向热爱科学、渴望探索的朋友们推荐《跟着科学游温州——走进温州市科普教育基地》一书，期望它能带领大家走进一个充满奇迹与梦想的科学世界，在阅读中收获知识，在探索中感悟科学。

是为序。

尹传红

（中国科普作家协会副理事长，科普时报社社长，
国家林业和草原局林草科普首席专家）

2025 年 2 月 24 日，北京

目录

上篇 智识启航 博古览今

第一章 星辉启航：科学巨匠的精神足迹

第二章 时光印记：文化长河的深度漫游

第三章 大地密语：自然奥秘的奇妙探索

下篇　行路致远　探新逐梦

第四章　智慧沃土：地方产业的科技新篇

第五章　未来视界：科技创新的前沿探索

第六章 知行合一：科普研学的实践乐章

上篇

智识启航 博古览今

第一章

星辉启航

科学巨匠的精神足迹

苏步青励志教育馆
——感悟“数学之王”科学救国的璀璨人生

雁山鳌水，东海之滨。揽山海之胜色，汇人文之精华。这里是有着“东南小邹鲁”“浙江延安”美誉的平阳县。平阳县保留着诸多历史遗迹，其中就包括了当代数学泰斗苏步青的故居。

在这间古朴的清代浙南乡土古建筑旁边，有一座充满几何造型元素的现代建筑——苏步青励志教育馆。这是温州首批全国科普教育基地，也是我国目前唯一以苏步青命名并冠以“励志教育”的名人专题馆。

俯瞰苏步青励志教育馆，在建筑空间布局上，展馆以圆锥形筒体为核心，沿周边布置庭院与展览空间。展馆内部主要由展陈厅、公共大厅、报告厅、技术用房及办公用房组成，集文物展示、文物收藏、文物研究、励志教育、科普宣传、学术交流于一体。

苏步青励志教育馆共分为“少年心事当拏云”“东方第一几何学家”“毕生事业一教鞭”“留得丹心报暖晖”“文章道德仰高风”“功成不忘家乡情”六大部分，全方位展现苏步青作为数学家、教育家、社会活动家的多样人生，以及其对党和国家的挚爱与在学习、工作、生活、待人等方面体现出的诸多优秀品质和可贵精神。

一进门便是本次观展的第一站——序厅。序厅是一座由不同颜色金属立柱制成的苏步青形象雕塑。台座底部刻有“一代宗师　国之栋梁”，这便是“苏步青生平业绩陈列”的主题。让我们从这里开始，随着苏步青的成长轨迹，体会他研究应用科学、躬耕基础科学，为祖国教育事业鞠躬尽瘁的璀璨人生。

听一听苏步青的小故事

中国科学院院士，中国著名的数学家、教育家，中国微分几何学派创始人，被誉为“东方国度上灿烂的数学明星”“东方第一几何学家”“数学之王”……这些名号，难免令人与苏步青产生距离感，但只要参观过 3 号展厅，就会知道苏步青是一位非常亲和、幽默的人。

在 3 号展厅“文章道德仰高风”部分，教育馆引入了苏步青漫画小故事抽拉互动装置，只要抽拉展台上的亚克力卡牌，就能在屏幕上看到配有文字的漫画小故事。比如《热爱劳动的习惯》《亲自整理办公室和书房》这两个小故事，讲述苏步青热爱劳动，70 多岁时，每天晨练后便会提起锄头清除院子里的杂草、拿起扫帚打扫庭院，家里的地板也是他拖的。他还有点小“洁癖”，会亲自整理办公室、书房，喜欢干净、整洁的工作环境。

在这些小故事中，苏步青的形象变得更加生动、鲜活。我们在《胃口没那么大　以后量少些》中看到了苏步青的朴实节俭，在《难怪我没有头发》中看到了他的风趣幽默，在《这是一个原则问题》中看到他对身边人的照顾和帮扶，在《右边公文左边书记》《提前二十多天完成译稿》中看到他对学术的严谨。

看一看苏步青的大成就

除图片、文字资料及人机互动触摸屏、多媒体屏幕外，苏步青励志教育馆还再现了苏步青在复旦大学生活时的卧室、客厅、书房。

在 1 号展厅的“少年心事当拏云”部分，玻璃房内等比例

复制了桌、椅、书柜等家具，再现了青年时期的苏步青坐在书桌前，捧着一本书静静看着的情景。雕塑旁边还摆放着一个立柜，上面以 3D 全息投影技术展示着一个图像，这便是苏步青青年时期的重大发现——苏锥面。

苏锥面是由苏步青在一般曲面研究中发现的一个四次（三阶）代数锥面，因其在国际上的重要影响而被命名为“苏锥面”。苏锥面的发现不仅在数学领域产生了深远的影响，还推动了仿射微分几何的发展。苏步青在日本、美国、意大利等国的数学刊物上发表了相关论文，也因此被誉为“东方第一几何学家”。不仅如此，从 1927 年起，苏步青在国内外发表数学论文 160 余篇，出版了 10 多部专著。他主要从事微分几何学和计算几何学等方面的研究，还涉及射影微分几何学、一般空间微分几何学、高维空间共轭理论、几何外形设计、计算机辅助几何设计等。在“东方第一几何学家”部分，我们可以看到苏步青曾经的论文手稿、专著原本等珍贵展品。

悟一悟苏步青的爱国心

苏步青的高贵品质，还体现在他对祖国数学教育事业的贡献上。在“毕生事业一教鞭”部分，可以了解到苏步青的教学生涯大致可分为两个阶段：第一阶段是从 1931 年至 1952 年，他在浙江大学数学系任教。第二阶段是从 1952 年调到复旦大学以后。在教学上，苏步青敢为人先、方法独到，一向以严字当头。他与陈建功在国内首创讨论班，培养学生独立思考和创新的能力。他坚持教学与科研相结合，鼓励学生超越自己，认为培养人才要一代超过一代，被称为“苏步青效应”。

在 3 号展厅入口处的大屏幕上，我们看到“苏步青效应”的真实体现。苏步青的学生中，有谷超豪、张素诚、杨忠道、熊全治、胡和生等著名数学家，这些数学家又培育了大批数学人才。苏步青将自己变成一颗数学种子，以祖国教育事业为沃土，生根发芽，成就了中国数学田野的丰收。

馆内的展墙上，展示了大量苏步青的励志故事与人生感悟，激励、鼓舞着后辈。馆内还陈列展出了苏步青生前使用过的理

发剪、放大镜、收音机、手杖、衣服及大量手稿、书信、著作等珍贵的实物原件，再现了苏步青胸怀祖国、追求真理、教书育人、甘为人梯、淡泊名利的科学家精神。为了进一步面向青少年弘扬科学家精神，平阳县还依托苏步青故里打造了一条科学家精神研学路线，包括苏步青故居、苏步青励志教育馆、数学奥妙馆。

基地小名片

平阳县苏步青励志教育馆位于温州市平阳县腾蛟镇腾带村励志路8号，占地面积12360平方米，建筑面积4614平方米，2015年12月18日正式对外开放，是我国目前唯一以苏步青命名并冠以“励志教育”的名人专题馆。自对外开放以来，教育馆不断创新科普工作载体，依托馆校合作、基地共建等平台，利用国际博物馆日、文化和自然遗产日、全国科普日及科普周等节点，常态化开展各项科普讲座、科普夏令营、送科普展进校园等活动，凝练科普特色，丰富科普宣传形式，普及科学知识，精心打造苏步青文化品牌，充分发挥科普基地的示范作用，相继被列为“全国科普教育基地”“科学家精神教育基地”等。

姜立夫故居
——中国现代数学播种人在故乡播下科学种子

横阳支江下游，清澈的江水静静地流淌，灌溉着阡陌纵横的江南平原。横阳支江畔的麟头村有一处建于清光绪年间的两进式院落，院落旁一条支流缓缓汇入横阳支江。这里就是数学界几何学方面的权威、温州最早的留洋博士之一、中国现代数学的奠基人姜立夫年少时学习、生活的地方。

姜立夫把一生献给中国数学的精神激励着一代又一代学子。这处清代院落，是姜立夫年少奋斗时光的见证者。日光正好，微风和煦，让我们寻着姜立夫的来时路，去他的故乡看看。

中国现代数学奠基人的开拓之路

开车进入麟头村云湖线不久，就可见设有“姜立夫故居”门牌的灰色围墙。这几个字由姜立夫的学生、理论物理学家杨振宁所写。一进门，便是一尊姜立夫的铜雕坐像。这座姜立夫像目光深邃，看向前方，右手拄杖，左手自然地放在椅托上。底座上刻有：“我愿把一生献给中国数学——姜立夫”。

再往里走就是姜立夫纪念馆。纪念馆中堂的堂匾写着“懿德堂”，中央摆放着姜立夫的半身雕像，雕像背后四条字幅是颂扬姜立夫的四句话：“学术泰斗”“桃李天下”“肱骨栋梁”“世人敬仰”。

姜立夫纪念馆集中展出了姜立夫求学时光、南开岁月、西南联大时期及扎根岭南后的珍贵史料。

要了解姜立夫，可以从纪念馆展出的一本族谱开始。这本族谱展示页上记载着姜立夫的信息：“炳訚公四子，名佐，字培珣，号立夫，美国加利福尼大学校学士、美国哈佛大学校硕士、美国哈佛大学校博士，生于光绪庚寅年五月十八日酉时。”

沿着纪念馆陈设往前走，姜立夫的一生缓缓展开。1890 年，姜立夫出生于一个农村知识分子家庭。1907 年，少年姜立夫以优异成绩考入当时的“江南四大名校”之一——杭州府中学堂学习，徐志摩、郁达夫、潘天寿、丰子恺、金庸等都是其校友。三年后，姜立夫考取“庚子赔款”留美生，远赴美国攻读数学。1919 年，姜立夫获得哈佛大学博士学位，成为继胡明复之后的第二位中国数学博士。

也是这一年，如父亲般的兄长病故，姜立夫回国奔丧。不久，他应著名爱国教育家张伯苓之邀到天津南开大学任教并建立数学系，中国数学的新纪元由此开启。

纪念馆展出的史料里，有姜立夫在南开大学编写材料、翻译外文教材、做数学研究的手稿复印件，这些都见证了他在南开大学创立数学系的经历。在南开大学建系之初的四年中，他是数学系唯一的教师，以至于被人称为“一人系”。姜立夫会根据学生的情况因材施教，还亲自翻译、编写教材，并兼顾处理政务，培养了陈省身、江泽涵、申又枨、吴大任、刘晋年、孙本旺等一批闻名中外的数学家。

纪念馆内一处展板上，写着被誉为“整体微分几何之父”

的陈省身曾说过的一句话：“在很多年的时间里，姜先生是中国数学界最主要的领袖。”在艰苦卓绝的环境中，姜立夫在教书育人的同时没有放弃科学研究。他创建了圆素几何和球素几何的方阵理论，审定了我国第一部数学辞典《算学名词汇编》，并在此后十余年间多次参与了数学名词的补充与修订工作，构成了今日数学名词的基础。此后，姜立夫还参与了西南大学、岭南大学等院校的数学系及中国数学人才队伍的建设组织工作。

投身数学教育事业的奉献之心

纪念馆里最重要的、最有纪念意义的一张照片，是位于纪念馆中堂姜立夫半身雕塑右边的一张照片。这张照片是 1954 年 12 月，周恩来总理接见姜立夫时拍摄的。纪念馆内的一处展板也记录了这次会面的内容。姜立夫先生的学生刘良深、黄树深所著《怀念姜立夫老师》一文讲述：“1954 年，姜老师上京开会时，敬爱的周总理同他握手，并且说自己也是‘南开’的学生。姜老师回来后，一再同我们谈起这次幸福会见的情景。”

除了这张照片，纪念馆里展示最多的，是姜立夫和他的学生们的故事。综观姜立夫的一生，是传奇的一生。他以“筚路蓝缕，以启山林”的拓荒精神，带动中国数学事业的发展；以渊博的数学知识，教育出大批知名弟子。

姜立夫先生“最牛”的学生，是拿过诺贝尔物理学奖的杨振宁。纪念馆内有师生二人的合影。照片摄于 1972 年，当时，杨振宁回国专程前往中山大学，看望他在西南联大念书时的数学老师姜立夫。

纪念馆内展示的许多学生评价，可见姜立夫高贵的品格。陈省身说：“姜先生开设了很多当时被认为更高深的课程。我是踏着姜立夫等前辈的足迹，走上数学创造的道路。”

姜立夫的儿子姜伯驹，也在父亲影响下成为一名数学家，成长为第三代温籍数学家，于1995—1998年出任北京大学数学科学学院第一任院长。

许多著名专家、学者都受到过姜立夫的帮助。姜立夫多次致函当时的中央研究院院长朱家骅和中央研究院总办事处，为华罗庚出国留学筹集资金。苏步青在日本东北帝国大学读研究生时，曾接连收到厦门、北京、燕京、清华等大学的教授聘书，后来才知道这些都出自姜立夫的推荐，他称姜立夫是他“深深感怀的几个人”之一。

近现代不少名人的日记中也多次提到姜立夫。如《梅贻琦西南联大日记》中说：“1941年8月24日，上午来客颇多，姜立夫、叶楷夫妇、杨武之、赵忠尧、企孙来谈。留午饭。”《蔡元培日记》载：“1935年6月20日，午前十一时，选举评议员。

举出李书华、姜立夫、叶企孙……”

姜立夫故居的工作人员说，挖掘姜立夫先生生平故事的工作还在继续。随着近些年名人日记的出版及地方文献的发掘整理，姜立夫的故事还会继续讲述下去，姜立夫故居的影响力也将不断提升。

基地小名片

龙港市姜立夫故居位于温州市龙港市麟头村云湖线东侧，是温州市科普教育基地。占地面积4200平方米，建筑面积1320平方米，是姜立夫年少时生活和学习的住所。2020年10月，姜立夫故居正式对外开放，内设的“姜立夫纪念馆”通过实物和展板陈列介绍这位中国现代数学的奠基人。为了营造良好的科普体验感，姜立夫故居大胆探索，采用“社会组织＋社会组织”的合作模式，引入专业运营团队，精心打磨、仔细研究，推出姜立夫数学之旅、《走进姜立夫》舞台剧、数学夏（冬）令营等科普品牌。2024年，姜立夫故居入选浙江省科学家精神教育基地名单，是温州市第六家省级科学家精神教育基地。

夏鼐故居
——深巷里传出的“考古之声”

温州市鹿城区的仓桥街，曾是温州三十六坊的“棠阴坊”，旧时这里设有粮仓，十分热闹繁华。如今的仓桥街距离五马街仅有1千米，繁华依旧，承载着岁月的沉淀。如果你有“考古”的耐心和细致，会在这条充满烟火气的街道上发现一处特别的巷口。巷口的门台上写有“夏里”二字，走进深处就会发现夏鼐故居。这座建于20世纪末的欧式建筑，静静地伫立在深巷里，记录着夏鼐这位中国考古学奠基人的少年和青年时光。

在这里看见夏鼐的青年时光

过了“夏里”门台几十米，巷子拐个90度才见到夏鼐故居的大门。一进入院子，就看到了正厍中堂屹立的夏鼐铜像，后面的墙上刻着：“中国考古学界一代大师、新中国考古学的奠基人和开拓者”。

夏鼐故居由一楼的温州情缘展厅、中外学界交往厅、夏鼐生平陈列厅、夏鼐夫妇居室、友人所赠书画厅、多功能影像厅，二楼的日用实物陈列厅、日常办公展示厅等组成，是目前国内关于夏鼐专题规模最大的、内容最丰富的陈列馆。展览内容设置了“温邑山水 哺育成长”“沪上求学 开拓视野”“燕京清华 初露风华”等十大单元，大量的图片和实物展示了夏鼐一生的重要经历和光辉业绩，以及他在故居生活的方方面面。

夏鼐生于1910年，童年和少年时代在家乡温州度过。年少的他以读书之“勤、广、精”而闻名，陈寅恪曾赞许他“读书细心”。

虽历经战乱，夏鼐毕生从未放弃探源中华文明，并以身作则坚持在考古第一线。在夏鼐故居的展陈中，记录着这样一段故事。1940 年，夏鼐学成归国，两年后便一头扎进祖国大西北开展考古工作。彼时，来自瑞典的地质学家安特生认为，仰韶文化晚于甘肃齐家文化，而齐家彩陶又来自更早的西方彩陶，由此得出，中华文明由西方传入。此论断一石激起千层浪，夏鼐并不轻信于此。他在甘肃几乎重访了安特生到过的每一处遗址，终于找到了齐家文化年代晚于甘肃仰韶文化的地层学证据，纠正了安特生对中国史前文化年代排序的失误。夏鼐以此研究成果形成论文《齐家期墓葬的新发现及其年代的改订》，向世界证明“中华文明是在中国土地上土生土长的”，被学界视为中国史前文化研究的圭臬。

在这里感悟夏鼐的家国情怀

夏鼐被称为“七国院士”。夏鼐故居的展厅墙上，就展示着这些证书，分别是英国不列颠学院通讯院士、德意志考古研究所通讯院士、瑞典皇家文学历史考古科学院外籍院士、美国科学院外籍院士、意大利中东和远东研究所通讯院士、第三世界科学院院士、中国科学院学部委员（即院士）。

1965 年，夏鼐牵头建成中国第一座碳 -14 实验室，并在全国同类实验室中长期居于领先地位，对中国考古学研究，特别是对史前考古学研究，发挥了非常显著的推进作用。

夏鼐故居陈列的考古著作、手稿等实物，展现了夏鼐一生从未停止的考古之路。终其一生，夏鼐都在溯源中华文明，他的田野考古调查，足迹跨越敦煌莫高窟、汉唐长安城、明代十三陵，又到南越王墓、马王堆汉墓。1985 年 3 月，夏鼐在中国考古学会第五次年会上发表了题为《考古工作者需要有献身精神》的讲话，勉励广大考古工作者“一心一意为了提高本学科的水平，而不要计较个人的经济利益”“保持我们田野工作的好传统，有‘不怕苦’的精神”“如果我们想把我国考古学的水平提高到新的高度，这便需要我们有献身的精神”。

夏鼐的科学家精神中还有一份爱乡情怀。“故国自有好河山，羁旅他乡两鬓斑。昨夜梦中游雁荡，醒来犹觉水潺潺。”在一楼的温州情缘展厅中，有着一首《忆故乡温州》诗。那是在 1984 年，听说温州被列入十四个沿海开放城市之一后，夏鼐有感而发，欣然赋诗。

这份科学家精神历久弥新，借由夏鼐故居等实体，激励了一代又一代考古科学家们。

在这里追寻夏鼐的考古之路

除了日常陈列，夏鼐故居还接待个人参观者、单位团体、学校社团，举办各类文化艺术主题活动。自开馆以来，夏鼐故居开展了“品读人文经典，守护文化遗产”“寻找温州的历史文化遗迹”“不忘初心，红色研学”“追寻考古大家的足迹”等系列科普活动。

在这些活动中，夏鼐故居成为一处沉浸式的考古场所。夏鼐的考古成就让参观者“穿越”了时空的隧道，“走遍”了大江南北，甚至“跨越”了大洲的界限，一次次沉浸在全新而奇妙的体验之中。

故居展出的夏鼐博士论文《古埃及的串珠》，以及他在古埃及文化研究方面的贡献，让人通过古埃及串珠了解古埃

及文明，和古埃及的地理特征、文字体系，以及古埃及人的生活习俗、审美观念等信息。通过夏鼐研究波斯萨珊银币的论文，参观者可以了解到波斯萨珊王朝的风俗文化，以及其与中原文化的联系……

展厅的陈列追寻着夏鼐的人生脚步，展示了夏鼐对新中国考古学的重要贡献，其对考古学人才的培养、学科的建设、研究方向的指导，无一不体现着夏鼐先生“新中国考古学奠基人和开拓者”的身份。震惊中外的汉代马王堆墓葬是他指导发掘的，随葬品不仅种类丰富、系列完整，出土时依旧如新。

来到夏鼐故居，体验考古之路。故居里，还有更多的考古故事等待你来挖掘！

基地小名片

夏鼐故居位于温州市鹿城区仓桥街102号，是温州博物馆下属专题馆，于2012年对外开放。故居建于20世纪20年代，坐北朝南，由四处院落组成，建筑面积1386平方米。正中院落由门屋、厢房、正屋组成，正屋为五开间楼房，底层西次间为夏鼐读书和结婚的地方。自开馆以来，故居开展了多项科普活动，推进考古知识传播，弘扬科学家精神，入选浙江省科学家精神教育基地。

第二章

时光印记

文化长河的深度漫游

温州博物馆
——望尽五千年瓯越大地的"沧海桑田"

《山海经》"瓯居海中"晋朝郭璞注云："今临海永宁县即东瓯，在歧海中也。"古籍中关于温州的记载，诉说着这座滨海之城积淀的厚重历史。曹湾山遗址验证4500多年前已有先民在此地劳作生息；2200多年前，东瓯王驺摇在这里主政建都；1700多年前，温州建郡，留下了白鹿衔花绕城的美丽传说。穿城而过的瓯江，孕育了丰富多元的瓯越文化，也见证了温州人千百年来筚路蓝缕、砥砺奋进的岁月。

从新石器时代好川文化，到先秦时期“瓯居海中”，再到宋朝“一片繁华海上头”，直至如今东海之滨的历史文化名城，来温州博物馆，看看这片瓯越大地5000年的沧海桑田。

追寻从“瓯居海中”到“敢为人先”的足迹

地处温州城市中轴线的中央绿轴，沿线分布着诸多广场、商场、公园等城市配套设施，其中，温州博物馆是历史和文化的“主角”。

温州博物馆新馆位于市府路世纪广场西侧，建筑外表给人以层峦叠嶂之感。这是因为新馆建筑设计灵感源自雁荡山的奇峰翠峦，追求雄浑、朴茂的艺术神韵。进入博物馆大厅，中厅花岗岩壁上是九幅中国传统神话题材的铜雕壁画，取材于盘古开天、女娲补天、精卫填海、燧人取火、大禹治水等神话故事。

温州博物馆的常设展览有历史馆、工艺馆、自然馆和王维新铜版画陈列室等。展现“温州人”5000年历史足迹的历史馆是重中之重。“温州人，一个生存与发展的故事”——位于历史馆入口处的主题墙，道出了温州开拓进取的5000年历史，以及温州人的刚毅睿智和敢为人先。

历史馆陈列设置了瓯越初民、远古足音、文明曙光、东瓯王国、永嘉建郡、重农兴业、东瓯缥瓷、商业贸易、百工技艺等单元。在这里，我们追寻着温州人开拓进取的脚步，了解了温州人是如何从渔夫和山民，一步一步成为拥有“敢为人先，特别能创业创新”精神的“世界温州人”。随着温州曹湾山遗址出土的1394件文物的全部移交，瓯越先民的生活将愈发清晰地展现。

瓯越大地孕育的温州人，在各个领域展示着精彩，也丰富了温州博物馆馆藏。2005年，当代著名温籍铜版画家王维新先生，将半个多世纪来收藏的珍贵版画，和自己的作品捐赠温州博物馆。每周三，温州博物馆都会对外开放铜版画陈列室，让公众感受铜版画艺术的典雅、庄重，提升大众审美。

温州拥有的不仅有历史人文，特殊的地貌也造就了独有的自然环境。在自然馆，你能看到泰顺乌岩岭国家自然保护区的

各种珍稀动物标本，其中包括国家一级保护动物，被誉为“鸟中大熊猫”的黄腹角雉的标本，乌岩岭是我国目前已知的野生黄腹角雉最高种群密度区之一。此外还有“温州绿肺”三垟湿地、热带雨林、鸟的王国等待你来挖掘。

感受“一片繁华海上头”的瓯越宋韵

“一片繁华海上头，从来唤作小杭州。”北宋温州知州杨蟠的这句诗，道出了当时温州的繁华与富庶。2021 年，温州朔门古港遗址的重大考古发现，宋元时期温州港的繁荣景象再现于世人面前。这些都说明了宋朝时期温州的发达商贸。

其实宋朝时期，温州不仅商贸发达，艺术和文化更是处于鼎盛时期。温州博物馆工艺馆展出的白象塔出土的精美文物，是最好的证据。因塔身倾斜严重，已无法再次加固维修，白象塔于 1965 年被拆除。文物工作者从塔中发掘出北宋文物 1000 余件，其中有漆器、写经、活字印经和彩塑观音立像、阿育王漆塔等精美物件。

白象塔内出土的 42 件北宋彩塑佛教造像是出土文物中最有价值的艺术珍品。这些彩塑造像题材丰富，形态毕肖，极具绚烂之美，是现存宋代彩塑的典范之作。其中有两尊被誉为“东方维纳斯”的彩塑观音菩萨像格外引人注目。如今，两尊佛像，一尊在温州博物馆，另一尊在浙江省博物馆，是两馆的“镇馆之宝”。存放在温州博物馆的这尊造像通高 64 厘米，石绿色高髻，面部丰腴长圆，双手腹前相叠，立于双瓣仰莲座上，体态轻盈，神态闲适自若。

除了白象塔，温州各地曾陆续出土过众多国宝级的宋代文物。这些都能在温州博物馆见到，其中入选首届全省博物馆“百大镇馆之宝”的2件文物特别值得一说。

一件是北宋瓯窑青釉褐彩蕨草纹执壶，它是北宋瓯窑青瓷

精品，于1983年出土，1995年被定为国宝级文物。这件执壶的特别之处在于颇具古波斯金银器的造型特征。专家猜测，北宋时期，温州已是“海上丝绸之路”的重要港口城市，青瓷、漆器、丝绸和印刷品在海外贸易中占有较大比例。执壶的主人可能是来自中亚的商人，在温州定制了这款执壶。它很可能是“海上丝绸之路”中西文化交流的重要见证物。

还有一件是北宋套色版画《蚕母》，被专家判定为现存最早反映蚕母形象的作品，于1994年在国安寺石塔内发现。这幅《蚕母》局部残缺，但整体效果未受影响，画面左上方的长方

形字框内有直排“蚕母”二字。画面左侧为蚕母立像，蚕母头梳高髻，髻上插花，面颊丰满圆润。温州桑蚕丝织业历来发达，南朝刘宋年间的《永嘉郡记》记载养蚕低温催青法，属世界最早，到了唐宋时期温州丝绸业开始从家庭副业向专业化发展。

走进千年历史，遇见大美温州。来到温州博物馆，领略千年温州山水、人物、风俗等人文、自然之美，追寻存放着属于瓯越大地古往今来的记忆。

基地小名片

温州博物馆位于温州市鹿城区市府路 491 号，是浙江省科普教育基地。创建于 1958 年，2004 年 1 月新馆建成并投入使用。温州博物馆是一座综合性地方博物馆，国家一级博物馆，拥有文物藏品 4 万多件（组），设有历史馆、书画馆、陶瓷馆、自然馆、工艺馆等 7 个专题展馆。温州博物馆是全国最早免费开放的博物馆之一，以“分众教育”和博物馆教育功能最大化为理念举办科普活动，深受公众喜爱。近年来，温州博物馆开展讲座、知识培训、报告会、竞赛、青少年课堂、演出等活动 500 余场，累计参与人数近 180 万人次。

瓯海区博物馆

——一铙一鼎一簋，填补浙江土墩墓青铜器空白

2003 年 9 月，瓯海仙岩镇穗丰村村民在村北杨府山上平整土坡，准备修建公园。施工第一天，村民们从挖出的土壤里发现了几片青铜残片，第二天又在土里挖出了一件青铜铙和一件青铜鼎。随后，文物部门紧急进行挖掘，出土了大量文物，并推测此地或许是一处 3000 多年前西周贵族土墩墓。如今，由此出土的“一铙一鼎一簋”在瓯海区博物馆内展出，其中的青铜铙更是成为“镇馆之宝”。

一厅一区一景，细数瓯海的从古至今

瓯海区博物馆设有“瓯居海中”基本陈列厅、临展厅、数字展厅、第二课堂活动区等展区。瓯海区博物馆二楼的基本陈列厅以“瓯居海中”为题，按照历史发展顺序，分远古家园、东瓯之光、瓯瓷掇英、三教融汇、百工开物、名人踪迹、烽火岁月、古邑新颜等八个单元，通过青铜、玉石器、陶器、瓯瓷等不同文物类别“以物说史”，全方位展示瓯海千年历史脉络和深厚历史文化积淀。

瓯海，古时属瓯地，因《山海经》载“瓯居海中”而得名。早在四五千年前，瓯海先民就在沿海高地上留下了开拓的足迹，瓯海历史，自此开篇。史前先民靠山吃山、靠海吃海，历尽艰辛，创造独特的文化，逐渐将荒芜的海域建设成美丽的家。“远古家园”单元通过神话传说、历史文献记载与出土的陶片、石器等展示史前时期瓯海的沧海桑田，反映瓯海先民开创出的“两山一水”地域文化，让参观者对瓯海与瓯海文化的起源有大致的了解与认知。

为了增加观展的互动性与趣味性，瓯海区博物馆建馆之初就引入了 AR、投影、触摸屏等多种互动设施。漫步展厅，观众可以看到远古时期的石器、古朴的西周青铜器、精美的瓯窑瓷器，了解瓯海的历史演变、历史名人事迹等。展厅还借助展线的布局和变化，少场景、多文物，形成“以物说史”的特色并贯穿整条展线，向参观者讲述了瓯海这片土地上千年以来的历史和文明。

一铙一鼎一簋，探寻西周土墩墓秘密

来到瓯海区博物馆，“瓯居海中”基本陈列厅的“东瓯之光”单元是必到的“打卡点”。这里摆放着瓯海仙岩镇穗丰村西周土墩墓出土的“一铙一鼎一簋”。它们穿越时空，千年后再现于世人面前。

铙、鼎、簋都是什么呢？铙、鼎、簋都是青铜器，是周朝礼乐制度的象征，只是功能各有不同。铙也称钲或执钟，是中国古代的青铜打击乐器，最初用于军中传播号令，流行于商代晚期至周初。鼎作为青铜器中的重要类别，是古代中国烹煮和盛贮肉类的器具，历经夏商周三代及秦汉，始终是最常见且神秘的礼器。簋则是中国古代盛放煮熟饭食的器皿，同样用作礼器，流行于商朝至东周，是中国青铜器时代的标志性器具。

瓯海区博物馆展出的“一铙一鼎一簋”中，“一铙”尤为引人注目。它在墓底最南端被发现，是出土青铜器中体量最大的，且保存十分完好，是瓯海区博物馆当之无愧的“镇馆之宝”。

这件铙呈扁凸的合瓦形，两面都有凸起的乳钉，通体饰有大型云雷纹，甬（铙的柱体）上有大型凸起的“C”形纹。两面的中上部都被分隔为左右两区，每区都有 3 排乳钉，每排 3 个，每面共有 18 个乳钉。

“一铙一鼎一簋”还是考古专家们判断土墩墓主人的重要证据。鼎、簋、铙等青铜器在西周的墓葬里是最重要的祭器和礼器。按周朝礼制，天子、诸侯、大夫、士能使用的青铜器类别和数量是有规制的，比如天子是用九鼎八簋，诸侯是七鼎六簋，而且老百姓是不能使用鼎、簋等重器的。土墩墓内器物排列得井然有序，可见下葬时是遵守了当时的礼乐制度。

因此根据墓葬出土的青铜器类别和数量，专家们判断这是一个高级别的贵族墓地。由于墓葬中还有大量的戈、矛、剑、镞等青铜兵器，墓主人可能还是一位统兵打仗的军事首领。

这些青铜兵器及其他青铜器、玉饰品等，都可以在“东瓯之光”单元观赏到。这处土墩墓共出土了 83 件（组）青铜器和玉石器，其中青铜器就有 61 件（组），涵盖礼器、乐器与兵器。

虽然这处土墩墓出土了较多青铜器，但没有发现明确判断年代的铭文。那么，考古专家们是怎么确定这是一处西周时期的土墩墓呢？他们是通过比较分析出土文物的器形和纹饰来确定的。

首先，墓内出土的青铜器和玉石器，从器形到纹饰都具有西周时期的特征。青铜器的纹饰内容为西周时期常见的云纹或高凸的“C”形纹，纹饰面貌粗犷清晰、浮雕感特强，符合西周青铜器纹饰风格。另外，玉石器的玉柄形饰在河南安阳殷墟、河南三门峡虢国墓、洛阳北窑西周墓、陕西张家坡等商、西周墓葬中都有较多出土。

其次，土墩墓是两周时期吴越地区普遍采用的墓葬形制。西周时期，温州隶属吴越地区；土墩墓就是在地面堆筑成土堆，再在堆成的土堆上造墓穴。

穗丰村西周土墩墓的发现，不但填补了浙江土墩墓不出青铜器的空白，而且对于研究浙江越族土墩墓的埋葬制度与埋葬习俗、研究越地青铜器的地方特点等方面，都具有十分重要的价值。它是新中国成立以来，浙江考古的又一次重要发现，与 20 世纪 80 年代在绍兴发现的战国土坑墓、20 世纪 90 年代黄岩发现的西周土墩墓，都是研究吴越文化的重要实证。

基地小名片

瓯海区博物馆位于温州市瓯海区娄桥街道行政管理中心10号楼，是温州市科普教育基地。它是一座集文物收藏、科学研究、社会教育、文化休闲于一体的国家二级博物馆。中心馆于2016年5月开放，总面积4000平方米，现有藏品6000余件（组），其中包括一级文物5件，二级文物16件，三级文物238件（组），极具地域特色及学术价值。每年瓯海博物馆都会以馆藏文物为切入口，围绕陈列展览和重大节日，着重针对青少年群体推出形式多样的科普教育活动，专门打造明星研学课程"瓯地文博之夜"，突破"有形围墙"，将展线延伸到"野外文物游"线上，将宣传教育范围从博物馆内扩大到大自然。

文成县博物馆
——一场穿越时空的奇妙之旅

无论你是对刘伯温的传奇人生充满无限遐想，抑或是对畲族文化情有独钟，还是对华侨们的海外奋斗史感到好奇，文成县博物馆都将满足你的所有期待。请跟随我们的脚步一同走进文成县博物馆，去揭开那些尘封已久的历史故事，探寻那些璀璨夺目的文化瑰宝吧。

刘基专题厅——智慧与传奇的完美融合

刘基，字伯温。大明开国元勋，“四大帝师”之一，民间有“三

分天下诸葛亮，一统江山刘伯温”的美誉，其传奇人生在文成县博物馆的刘基专题厅里得到了生动展现。

1946 年，文成置县之时，为了纪念这位伟大的历史人物，将刘基的谥号“文成”作为县名。步入刘基专题厅，仿佛穿越时空，与这位历史巨人面对面。

展厅内有一副竹简，是刘基所著《郁离子》：“仆愿与公子讲尧禹之道，论汤武之事。宪伊吕，师周召，稽考先王之典，商度救时之政，明法度，肆礼乐，以待王者之兴。”表达了刘基的政治主张和高远志向。

与之相关的刘伯温传说和祭祖习俗（太公祭）分别被列入国家级非物质文化遗产名录。其中太公祭这项传承久远的祭祖活动，以刘基为祭祀对象，是文成县刘氏家族过年时最重要的事情之一。每当这时，许多旅居外地的宗亲都会不远千里赶来参加祭拜。祭祀环节庄重而热闹，巡城、祭“追远祠”、祭太公，每一个环节都充满了浓厚的传统文化气息。祭礼结束后，还会表演舞龙、花灯等节目，热闹非凡。

畲族专题厅——神秘而多彩的民族风情

告别了刘基专题厅，我们来到了畲族专题厅。文成县是畲族人的聚居地之一，西坑畲族镇更是浙江四个少数民族镇之一。厅内陈列着数百件关于畲族的文物，每一件都承载着畲族人的智慧和汗水。

走进畲族专题厅，仿佛进入了一个神秘而多彩的世界。这里的畲族服饰虽然颜色素雅，但刺绣却异常精致。衣领、袖口等部位绣着花鸟纹和几何纹图案，颜色艳丽、多姿多彩。还有畲族彩带，畲族男子女子都喜欢腰束彩带，它既是背兜带，又是男女的定情信物。

此外，畲族人对银饰、银器有着特别的偏爱，它们不仅仅是装饰品，更寄托了畲族人对吉祥平安的深深祈愿。从呱呱坠地的那一刻起，到人生的重要时刻——婚丧嫁娶，再到欢聚一堂的节日庆典，银饰、银器总是如影随形，伴随着畲族人成长的每一步。每一件精美的畲族银饰品，都要历经熔银的炽热、锻打的锤炼、下料的精准、铅托的稳固、雕花的细腻、焊接的巧妙及清洗的纯净，这七大工艺流程，如同七道神奇的魔法，将中国传统银雕工艺的精髓与畲族独特的文化巧妙融合。每一件银饰品，都记录着畲族人的智慧与匠心，代表了他们对生活的热爱与追求。

华侨专题厅——追梦海外的辉煌历程

最后我们来到了华侨专题厅。一走进这里，就仿佛瞬间穿越到了那个风起云涌的年代。19 世纪末 20 世纪初，无数文成人怀揣着梦想和希望，漂洋过海前往异国他乡。他们都是为了生计而奔波劳碌，但他们有不怕吃苦的精神，无论身处何地都书写着“温州人”敢为人先的奋斗历程。

一进展厅，映入眼帘的是一幅幅充满异域风情的照片和由华侨捐赠的工艺品，它们见证着华侨们在海外的艰辛与奋斗历程。一排排展示柜里陈列着各式各样的谋生工具和生活用品，从早期的苦力谋生到后来的中餐馆业、皮革与服装工场，再到商贸业的崭露头角，每一张旧照片和每一件旧物都承载着他们

无尽的汗水和泪水。

“看！这个是华侨在海外创办的工厂。”一位参观者兴奋地指着一张照片说道。照片上记录着工人们忙碌穿梭的身影和机器轰隆作响的场景，仿佛让人听到了那穿越时空的轰鸣声。这些外出的华侨们不仅在外打拼，他们还积极投身于当地的经济发展创办工厂、商铺，为当地的社会进步做出了巨大贡献。

在华侨专题厅的互动区里，有一幅巨大的世界地图标注着世界各地文成华侨的分布情况。你可以通过触摸屏幕了解不同国家和地区的华侨文化和生活习俗。据统计，目前文成有 16.8 万余侨胞旅居全球 70 多个国家和地区。

此外，文成县博物馆的基本陈列厅内还藏着一件“超级宝贝”——南宋时期的“金叶子”，这个听起来就像武侠小说里才会出现的神秘宝物，你只需走进博物馆，就能亲眼看见它的风采。想象一下，那闪闪发光的金叶子，是不是感觉自己瞬间穿越到了古代，变成了身怀绝技的大侠？

不仅如此，文成县博物馆还是全省钱币收藏十分齐全的综合博物馆之一，简直就是钱币爱好者的天堂。一枚枚钱币整齐排列，仿佛在诉说着历史的沧桑巨变。如果你对钱币有着浓厚的兴趣，那么这里绝对不容错过，保证让你大开眼界，收获满满。

基地小名片

文成县博物馆位于温州市文成县城文青路 1 号县文化中心图书博物楼，是温州市科普教育基地。博物馆主要承担全县可移动文物保护管理、收藏研究、教育展示等多种职能，不仅是保存与展示文成历史文化记忆的场所，也为青少年们提供科普教育服务。博物馆建筑面积 4595 平方米，展陈面积约 2800 平方米，内设三个展厅，其中地上一层为临时展厅和第二课堂（文化驿站）、二层为基本陈列厅、三层为专题厅和办公区，地下一层为文物库房和文物修复、摄影室。

苍南县博物馆

——从“迷你”鼎到玉印，感受南宋名士的士人风范

玉苍山常年云海翻腾、群峰尽隐、海天一色，因坐落在玉苍山之南而得名的苍南，这片大地上点缀着从历史走来的吉光片羽：那座几度被毁几度重修的金乡文昌阁，至今保存较完整的明代抗倭城堡——蒲壮所城，依山而筑的300余间清初样式古建筑的桥墩碗窑古村……这些古建筑文物如同沉默的卫士，见证着苍南的历史变迁，守护着苍南的文化记忆。若想要见到更多“守护者”和“见证者”，知道更多关于苍南的沧海桑田，就要去一趟苍南县博物馆了。

苍南县博物馆的“核心”是以苍南历史文物为主要展出内容的基本陈列厅。基本陈列厅从自然、遗存、文化、抗争及经济等五个部分讲述苍南的千年发展历程。走进展厅，序厅主题墙以巍峨的玉苍山、滔滔海水为背景展现苍南人民抗倭、围垦、移民迁徙等重大历史事件。

苍南的历史，是开拓和抗争的历史。在基本陈列厅的“抗

争篇”，我们可以感受到苍南人不管面对战乱还是天灾，都展现出了不畏艰险、勇于抗争的精神：明清时期因沿海倭寇袭扰，苍南成为抗击倭寇的海防重镇，金乡卫在明代与天津卫、威海卫齐名；苍南记录在册的革命烈士有700位之多，是温州市革命烈士最多的地区；特殊的地理环境注定苍南屡遭台风水患侵袭，水利建设成为苍南历代官民共同的“议事日程”，从晋朝至今，修堤、筑埭、建陡门从未间断……

基本陈列厅还有许多互动内容。大型光电沙盘搭配攻防战事的影像展示了明朝59个海防卫城之一的金乡卫；蒲壮所城垂直沙盘直观展示苍南至今保存最完好的国家级军事遗址；烽火传递触屏游戏让你体验多级军事建制及烽燧制（古代边防烽火报警制度）；站上3D台风体验区选择风力强度可以体验不同风级的台风。馆内还可以体验旧法制盐、炼石为矾、碗窑制碗等非遗工艺。

目前，苍南县博物馆有藏品2002件，其中国家一级文物9件，二级文物28件，三级文物92件，馆藏文物中的瓯窑陶瓷器，特别是晚唐至宋代青瓷器、近代书画作品非常具有特色。而这次我们要讲述的，是一位南宋时期苍南名士的历史故事。

这尊南宋方鼎为何如此“迷你”

提到青铜器中的“鼎”，相信大家第一时间都会想到已知中国古代最重的青铜器——商后母戊鼎（又称司母戊鼎）。与商后母戊鼎一样，“鼎”给人的印象是又大又重。但是陈列在苍南县博物馆二楼展厅内的南宋双立耳青铜方鼎给人的第一印象是“迷你”。

这尊南宋双立耳青铜方鼎通高为13.5厘米，口径为11.8厘米，直耳，蹄足。这尊鼎的腹部有三角云雷纹，下饰兽足纹，耳上有云雷纹，是一件典型的仿先秦青铜器造型的南宋时期的青铜方鼎。

当时的工匠为何将它做成这般小？它的主人又是谁？它又是如何被发现的呢？

苍南县博物馆的工作人员说，青铜器是我国远古文化的杰出代表。自东周以来，受到儒家子弟崇拜的青铜器，已经开始被仿制；而商周青铜器的大批量仿造则起始于宋代。这是因为宋代在修订礼典制度过程中，崇尚复古，喜欢参考先秦礼制。《宋史·礼志二》记载，宋徽宗大观初年，设置议礼局“诏求天下古器，更制尊、爵、鼎、彝之属”，这是宋代官方开始大规模仿造青铜器的标志。

先秦时期的鼎体型都比较大，但受限于生产原料、工艺等因素，这种“迷你”版的鼎是宋代特有的。虽然不大，但它们胜在精细。

这尊鼎还是故宫博物院收藏的一些青铜器的“病友”。这尊鼎出土时，其中一足存在断裂情况，底部还破了个洞。2014 年，苍南县博物馆从湖北襄阳市博物馆调来了一位工作人员。他提议将这尊鼎和另外几件青铜器一起送到襄阳市博物馆请专家进行修复。而在修复好后，正好赶上了 2015 年苍南县博物馆正式开馆，这尊“迷你”鼎以“完整”的面貌展示在观众面前。

南宋教育文官的“爱用好物”

前文，我们回答了“迷你”鼎为何做得这样小这个问题，那这部分就来回答另外两个问题：它的主人是谁？它是如何来到苍南博物馆的?

这尊方鼎展柜内的背景墙上，就标注着它主人的名字——黄石。据民国《平阳县志·人物志·黄石传》记载，黄石是南宋温州平阳松山（今苍南桥墩）人，南宋绍兴八年 (1138) 戊午科进士，先后任福州州学教授、西外敦宗院宗学教授、南外宗学教授、建康府学教授，后曾主管台州崇道观，按照现在的说法，他在宋代是一名管教育的文官。

这尊南宋双立耳青铜方鼎是怎样来到苍南县博物馆的呢？这还得从1971年说起。1971年11月，平阳桥墩水库（今属苍南）某工程施工时，发现了南宋淳熙年间黄石夫妇及其子黄裳夫妇合葬墓各一座。当时，考古人员进行了抢救性发掘，从墓中出土的文物有圹志（即墓志）、瓷器、青铜器和玉印等。

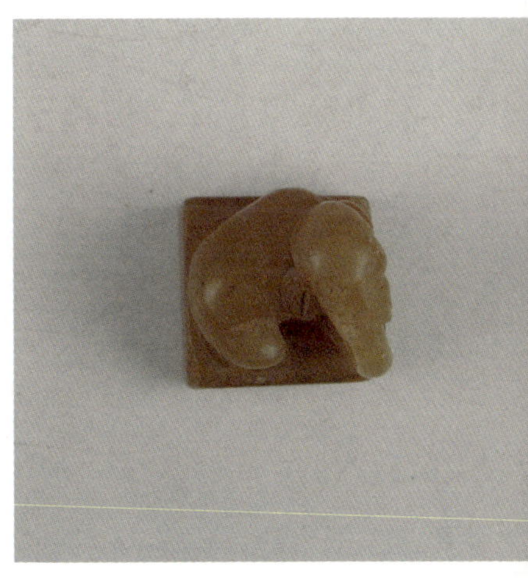

目前，由黄石墓出土的文物有20余件收藏在苍南县博物馆里，除了这尊南宋双立耳青铜方鼎外，还有南宋象钮玉印和黄石圹志也是非常值得一看的。

南宋象钮玉印是苍南县博物馆的“镇馆之宝”，2023年入选了首届全省博物馆“百大镇馆之宝”名单。这枚玉印长2.3厘米，宽2.3厘米，高2.8厘米，印面阴刻着篆书“石”字。玉印外观是一只半卧状态的大象，大象抬着头，鼻子拱起来碰到右边的大腿，腹部靠近印体的地方打了一个小孔，用以系绳。这枚玉印雕刻精细，造型生动。考古专家说，这枚玉印具有极高的历史价值和艺术价值，是展示宋代文官和士大夫精神世界的重要载体。

黄石圹志则是一块长方形的青灰色石料，石质细腻，正面打磨光滑。长82厘米，宽63厘米，厚10厘米，阴刻有隶书碑文302字，简略介绍了黄石的生平、做官经历与家庭成员。这块圹志也是学习隶书不可多得的摹本资料。黄石圹志书法结体端庄方正，法度严谨，气势磅礴，既有《史晨碑》的端庄秀丽，也有《曹全碑》的飘逸多姿，书法艺术水平极高。

基地小名片

苍南县博物馆新馆位于温州市苍南县灵溪镇车站大道563—583号，是温州市科普教育基地。2015年1月26日正式对外开放，总投资金额6000多万元，陈列面积4017平方米。内设三个展厅，其中一楼为临时展厅，二、三楼为基本陈列厅，四楼为非物质文化遗产厅。苍南县博物馆积极发挥自身文化辐射、科普教育等公共服务功能，不断丰富馆藏资源、细化科普活动设计，通过充实、精彩的活动，激发青少年对科普知识的浓厚兴趣，为丰富市民文化生活做出了积极贡献。

“印象金温”铁路文化基地
——跟着铁路“回到过去”，续写金温奇迹

“咣当，咣当”，火车来了……1998 年 6 月 11 日上午 7 时，金温铁路正式开通，温州圆了百年铁路梦。火车进站的一幕，是老一辈温州人共同的回忆。从金温铁路，到杭深铁路，再到新金温铁路、杭温高铁等，温州的铁路交通逐步融入发展大潮。温州人为圆百年铁路梦自力更新、艰苦奋斗的精神，始终是金温铁路文化图谱中浓墨重彩的一笔。如今，这份文化精神有了实际载体，于 2023 年揭幕启用的“印象金温”铁路文化基地，让你沉浸式感受几代温州人为打破发展交通的瓶颈而接续奋斗、拼搏实干的“四千”精神。

构建沉浸式“印象金温”体验感

“印象金温”铁路文化基地占地面积超10000平方米，由已停运的铁路水泥专用线和若干“退役”列车，以及周边配套的铁路技能大师工作室、职工心理咨询室、培训教育中心、文体活动中心、接待中心“两室三中心”构成，是宣传展示铁路文化形象的传播基地，也是擦亮金温铁路品牌的重要阵地。

一进入基地，就看到了长达260米的“时光月台”和“感恩奋进号”主题列车。月台上设置了从1998年到2023年的坐标，是温州人在“大交通”领域奋斗的印记。长达260米的“时光月台”融金温铁路百年圆梦史、三十年发展史于“一廊”，汇聚了各个时期与金温铁路建设者、劳动者相关的文件材料、历史照片、老旧物件、生产器具、工作服饰、劳动场景等元素，让参观者沉浸式体验。

月台上最引人注目的，是《致敬筑路者》雕像。雕像长3.1米，宽2.5米，高3.3米，还原了参与兴建金温铁路的奋斗者姿态。他们是铁道兵、农民、妇女、学生，他们一起将一纸蓝图铺成

252 千米的铁轨，成就了浙西南人民的百年心愿。这座雕塑代表了千千万万为建设金温铁路付出辛劳的筑路者，他们是金温铁路悠长岁月中的不朽“丰碑”。

“雨过初晴的温州火车站彩旗飞扬，数以万计的温州人民自发涌入温州火车站，翘首以盼，等待神圣时刻的到来……”月台上的多媒体设备，播放着 1998 年 6 月 11 日，从温州开往杭州方向的 604 次“海鹤号”列车驶上金温铁路轨道的新闻。当播音员宣告“金温铁路的开通，宣告我国第一条地方合资铁路正式开通运行”的声音响起，已退役的绿皮火车静静地停靠在铁轨上，让人仿佛穿越回到 1998 年温州人圆梦的这一天。

打造沉浸式体验感是“印象金温”铁路文化基地展览的重要组成部分。基地不仅有各类多媒体装置再现金温铁路建设、开通、发展的历程，展出的实物也增加了体验感。在展台上，有一张“海鹤号　温州－杭州”的列车方向牌，这是金温铁路首列火车的“名牌”。还有一份 1997 年 8 月 9 日的《温州日报》，头版头条刊登报道金温铁路全线胜利铺通，国务院发来贺电。

另有一份《温州日报》也十分珍贵。1998 年 6 月 11 日，《温州日报》头版头条报道《你好，火车！——金温铁路的回眸与展视》，并整版刊登铁路开通盛况。根据见报资料记载，金温铁路的修建构想，可追溯到20世纪初孙中山先生的《建国方略》，它曾几度列入议程，又被搁置。进入20世纪90年代，在南怀瑾先生的推动下，各级政府、社会力量大力支持，这项“世纪工程”总投资达28亿元，经过5年多的施工终于建成。金温铁路通车是那个灿烂时代的象征，打造了地方铁路的全国“样板”。

打造“红色引擎”驱动的感恩奋进号

结束了“时光月台”的参观，下一站就是“印象金温”铁路文化基地的另一重磅展示——“印象金温”感恩奋进号列车。这趟列车以5114次旅客列车为原型，打造了感恩奋进、开路先锋、美好生活三个主题车厢，开路先锋车厢还设置了触屏观影平台，汇集党纪工团以金温人、金温事为背景拍摄的教育生活片，引导赓续金温精神。

“从设计之初，我们就把基地定位为集党性思政教育、党建共建载体、铁路场景体验、企业文化传播和铁路专业实训等功能于一体的综合性文化基地。”金温铁道公司主要负责人

介绍，为更好地提升宣教展示主体功能，金温铁道公司组建专业化讲解团队，配备文化基地金牌讲解员7名、优秀讲解员8名，服务于基地的企业文化讲解工作，并组建了“红动金温”宣讲团及劳模工匠宣讲团，定期开展理论宣讲，同时还开展了护路爱民系列活动，打造志愿服务品牌团队，探索运营“共富直播间”，以“铁路+文旅+资源”的形式，助推共建多方深入公众视野，实现与地方、社会共生的文化生态。

金温铁道公司还将“印象金温”铁路文化基地作为特色载体，打造形成政企协作、校企协作、医企协作新的结合点。2024年11月，金温铁道公司与浙江省一大纪念园达成“基地共建”合作，引进其原版的党史陈列设计，在“印象金温”铁路文化基地的时光月台展区，精心打造占地约200平方米的微缩版“浙江省一大陈列馆”。这是金温铁道公司在党建引领文化建设上的又一里程碑。

打造红色研学路线，也是“印象金温”铁道公司的重要发展目标。基地已入选温州市中小学研学实践教育基地，为进一步研发“铁路”特色的精品研学课程，基地研发了“探秘时光月台”“职业体验——‘小小铁路人’”“弘扬工匠精神　筑梦交通强国”等系列特色课程，实现了教育与铁路产业的深度融合，不仅将国有企业丰富的铁路行业经验和资源融入研学课程，确保研学课程的质量和效果，还为中小学生提供了真实的实践环境，同时配备了专业的研学指导，使学生真正做到了研而有学。

基地小名片

“印象金温”铁路文化基地位于温州市瓯海区娄东大街388号，是温州市科普教育基地。占地面积超10000平方米，由金温铁道公司自管自建自营，于2022年设计动工，在2023年6月份正式揭幕启用。基地是以5114次旅客列车为原型，利用停运的水泥专用线和退役的列车，打造的集主题教育、铁路文化场景体验、知识传播、科普课程开发、铁路专业实训等功能于一体的创新型科普教育基地。基地着力于开展铁路特色主题课程，打造专属“印象金温”铁路科普IP，研发了“探秘时光月台”“职业体验——‘小小铁路人’”“弘扬工匠精神　筑梦交通强国”等系列特色课程。

东经纸文化艺术博物馆
——一张纸，览千年文化脉络

一部东瓯史，半部在塘河。温瑞塘河是温州人的母亲河，拥有丰富独特的地域文化和人文资源，积淀了温州千年历史文化。“纸”是具有世界性特征的文化符号，纸文化是最具中国特色的传统民俗文化之一。当温瑞塘河遇上纸文化，会迸发出怎样的火花？来东经纸文化艺术博物馆，看看纸文化是如何与温州文化融会在一起的。

探索纸文化的无限可能

东经纸文化艺术博物馆的外观十分引人注目。主馆立面由一根根细柱子富有韵律地排列而成，这源于瓦楞纸的形状。博物馆内更是集中展示了来自全国各地不同年代的古书籍、古文牒及各类纸艺品，呈现中国纸文化的沧桑岁月和历史记忆。

博物馆的主展览以“纸尚视界”为主题，设置“纸与艺术”“纸与生活”“纸与工业”“纸与创意”四个单元，展示纸在书画及民间艺术、纸在人们日常生活及工业领域的广泛应用。

进入馆内，最先映入眼帘的是巨大的“纸”字背景墙和蔡伦纸雕像，再往前几步便是中国纸文化和纸技艺的展示厅，视频资料与实物结合，全方位展示纸文化、纸艺历史的发展脉络。向左一直走，从中国纸的发展到温州的在地纸文化，从古代书的发展到纸的现代工业应用，四连碓投影、全息投影等多媒体互动设备让观众从不同的角度认识纸。

漫步在馆内，亲身感受非遗魅力，了解文化的传承，你会从这些动画中感受纸文化的变迁，还可以在纸艺桌椅上坐下来观看纸与树木与生态与环境关系的展示墙，喜欢纸模型，就把迷你版买回家慢慢拼搭……东经纸文化艺术博物馆不仅搭建了汲取知识的平台，更以优质内容供给为支撑，开发集“学”“娱”“游”

于一体的消费新场景。

除了这些视觉上的“冲击”，东经纸文化艺术博物馆最想传达的是丰富、多元的纸文化。如探索纸艺术创作的无限可能，博物馆内展出的剪纸、折纸、纸扎、纸雕、纸模、纸塑等纸艺术品令人体会到纸艺术的创新和美感；实物展品、辅助展品、多媒体技术等展项的组合，讲述了纸文化的丰富多样性；纸的创意展示，诠释了在传承与弘扬传统纸文化方面的探索；纸的再利用，传递“废纸不费”“循环使用纸张”的理念，宣传“节约减排，低碳生活”的良好习惯。

神奇有趣的纸艺术品

东经纸文化艺术博物馆内有三个展区非常值得重点观赏。

第一处是十二生肖兽首纸模展区。这是由12只生肖兽首组成的作品组，“满纸纵横千形万状，独任天机叹为观止”可以概括这组作品。这组兽首纸模的制作工艺十分丰富，片片纸张、层层堆叠，十二兽首还结合了绘画和雕塑的技巧，换一个视角就能看到不同的风采，别出心裁的创意给人不一样的惊喜。

往前走，就是多层融合艺术纸雕展区。多层融合艺术是将平面图案多层化、立体造型层次化，融合多种艺术手段，共同表达一个主题的艺术形式。这种艺术形式属于雕塑，核心工艺依赖现代数控工艺，是艺术与现代技术融合的成果。突破了材料的承受极限、人眼分辨的极限，以及设计细节与深度比例的极限，并且在这过程中，依然保持了纸艺术品的通透性、连续性和相互嵌套，从第一层到最后一层，每层的细节都是连成一整片。

另外一处值得一观的是当代剪纸艺术家、空间设计师以乐（寓意“以剪为乐”）的剪纸作品。以乐创作的剪纸曾获中国首届神鹤剪纸艺术大赛银奖、2014 海峡两岸书画名家书画展金奖等荣誉，他还曾受福建省旅发委邀请，携作品到白俄罗斯参展。其作品被国家邮政局选为纪念邮票。以乐的剪纸作品有线条和镂空两种表达方式，他说：“每一根线条传达的都是心绪，每一个镂空都是为心灵开一扇窗。”展示作品时，以乐会为剪纸加一层阴影——一方面，增加了作品的立体感，另一方面，也让光影下的剪纸显得更加迷人。

沉浸式观看非遗项目

在温州，泽雅屏纸制作技艺这一国家级非物质文化遗产代表性项目就是最突出的纸文化之一。东经纸文化艺术博物馆特别设置了泽雅屏纸文化展示区，展现了泽雅造纸的全过程。斫竹、做摞、腌刷、爊刷、洗刷、捣刷、踏刷、淋刷、烹槽、撩纸、压纸、分纸、晒纸、囤纸、拆纸、缚纸等16道工序以影片的形式呈现出来，让观者仿佛置身泽雅的溪涧竹林边，感受四连碓将竹子捣成竹绒、在纸槽中撩起屏纸的过程。

在非物质文化遗产保护方面，除了展示泽雅造纸文化，乐清细纹刻纸和瑞安木活字印刷两项本土非遗项目也是东经纸文化艺术博物馆的重头戏。在展示区，观众可以感受剪纸文化和木活字印刷的魅力，观赏温州剪纸作品，感受油墨里的深浅韵味、字与字之间排列的变化，更直观地感受纸文化的魅力。

东经纸文化艺术博物馆面向青少年儿童，不只做场馆静态内容的展示，同时不定期举办古法造纸、活字印刷、剪纸、折纸等研学活动及相关的文化交流，开发了画彩纸扇、纸模涂鸦、植物图鉴、3D立体纸拼等多种体验课程。博物馆还开发了“纸东东”科学实验包，内容丰富、包含多个经典实验，引导小朋友们从书本中走出来，通过实践加深对科学知识的理解，从小培养良好的兴趣爱好，提升科学素养。

在静静流淌的塘河沿岸，看一看纸的发展历史，做一件纸的艺术品，学一学纸是怎么造的……来东经纸文化艺术博物馆体验传统纸文化的内涵。

基地小名片

温州市东经纸文化艺术博物馆位于温州市瓯海塘河博物馆群，是温州市科普教育基地，拥有1000余平方米的展览面积。东经纸文化艺术博物馆是中国纸文化交流中心之一，与全国各地的纸文化技艺传承人、研究者、艺术家及其他相关题材博物馆、艺术馆、美术馆、院校建立广泛联系与合作。博物馆通过实物、复制品、图文版面、辅助展品、多媒体技术等展项的组合，向大众科普纸文化的丰富多样性和当代在传承与弘扬传统纸文化方面的探索，同时通过展览，科普“废纸不费”“循环使用纸张”的理念，宣传“节约减排，低碳生活”的良好习惯。

第三章

大地密语

自然奥秘的奇妙探索

雁荡山博物馆
——读懂地球这本“书”，从逛博物馆开始

温州以“有山有水有风光”著称，其中的“山”指的就是大名鼎鼎，被誉为“东南第一山”的雁荡山。这座山地势峥嵘，形态万千，日景美不胜收，夜景独一无二，飞瀑美轮美奂，想要真正、全面地了解它，最好的场所就是雁荡山博物馆。

进入雁荡山博物馆，就仿佛打开了一本“地球之书”，从火山喷发后的冷却到独特地貌的形成，从古代文人的吟咏到现代生态保护的探索，每一段历史都像一条静静流淌的时间河流，将“变与不变”的故事娓娓道来。

期待不？热情的“火山”就在你面前喷发

穿越时空，沉浸式回溯雁荡山形成的亿万年岁月，就从你踏入雁荡山博物馆开始。

序厅会第一次让你感到震撼。这里陈列着雁荡山全景模型：这可是按照 1：20000 的比例复刻出来的雁荡山世界地质公园主园区全貌，配合声、光和触摸式自动解说系统，你可以俯瞰灵峰景区、大龙湫景区等知名景点。这些景点千姿百态、造型独特的岩石，正是火山喷发后的产物——酸性流纹质火山岩。作为一种自然现象，火山喷发让人感觉既熟悉又陌生。雁荡山博物馆里建有演示火山喷发的立体模型，再现雁荡山火山喷溢、爆发场景，“轰隆隆”的巨响让你身临其境般感受火山的热情和神奇。

世界火山厅中央的地球仪，是众多学生喜欢仔细端详的地方。这里用数字序号圆片标记了全世界 39 处火山主题地质公园的所在地，并用红色梯形片标记了世界火山的分布点。善于观察的你，肯定会发现，这些火山大部分都分布在大陆板块交界处，是不是跟你在科学课上学到的知识完美“贴合”了。

火山喷发伴随着地壳运动，慢慢形成、发展并遗留下了珍贵且不可再生的自然地质现象。雁荡山的一山一石，记录了距今1.06亿年到1亿年间一座复活型破火山演化的历史。雁荡山世界地质公园的地质遗迹分为五大类、十一类、十三亚类，其中以火山岩地貌亚类为主，共有260处景点。博物馆里的地质遗迹厅展出了从雁荡山采集而来的岩石标本，凝灰岩、球泡流纹岩等不同形态的岩石，一定会让你感叹大自然的鬼斧神工。

看！它可是生长在白垩纪时期的远古鸟

雁荡山因为地质结构、演化和保存的完整性与系统性，而成为全球白垩纪破火山的典型代表。可以这么说，如果你看懂了雁荡山，就等于看懂了浙江沿海的地质构造，看懂了亿万年前的地壳变动。感受过火山的“奔放”与地质的“沉稳”，我们再去模拟野外真实场景的生态厅，与那些喜欢生活在这片山林里的动植物们交个朋友。

生态厅展出从远古至今，在雁荡山生存过的部分珍稀动植物的标本和模型。雁荡山地处亚热带，是华东和华南植物区系的过渡地带，树木参天、林相美观，植被以亚热带常绿阔叶林为主。雁荡山公园里有种子植物160科、1200多种，甚至还有雁荡润楠、连香树、松叶蕨等众多珍稀植物。气候温和的雁荡山为野生动物的繁衍生息也提供了极为有利的生存环境。其中的朱鹮、白颈长尾雉等都是国家一级濒危保护动物，相信你在其他动物园内都未必能见得到。另外，还有一个名为长尾雁荡鸟的标本让人印象深刻。它体型庞大、尾翼超长，生活在白垩纪时期，是根据化石复原的远古生物。

雁荡山不仅是一座风景名山、科学名山，更是一座文化名山。因为美，雁荡山让历代文人“折腰”，先后留下了5000多首（篇）诗文和370多处摩崖石刻。在充满浓浓书卷气的文化厅，你可以一览这些存世的文学艺术作品，感受中华文化的

博大精深。如果你在游玩雁荡山时诗兴大发，不妨大胆创作，或许也能留下一篇让后人牢记、传颂的精品佳作。

边听边看边玩，你喜欢这样的研学线路吗？

如果在博物馆里看得还不过瘾，那你可以报名参加研学活动，在游玩中学习知识、在放松中开阔眼界。雁荡山博物馆联合教育专家和地质专家，与研学游机构合作，共同开发了研学游路线，鼓励开展亲子科普教育活动：在参观博物馆，聆听地质科学知识讲解的基础上，前往大龙湫景区现场观察球泡、流纹岩等地质地貌特征，探索大龙湫、剪刀峰、千佛岩的成因，再去方洞景区实地观察雁荡山四期火山爆发形成的壮美奇观，体会大自然的绮丽……

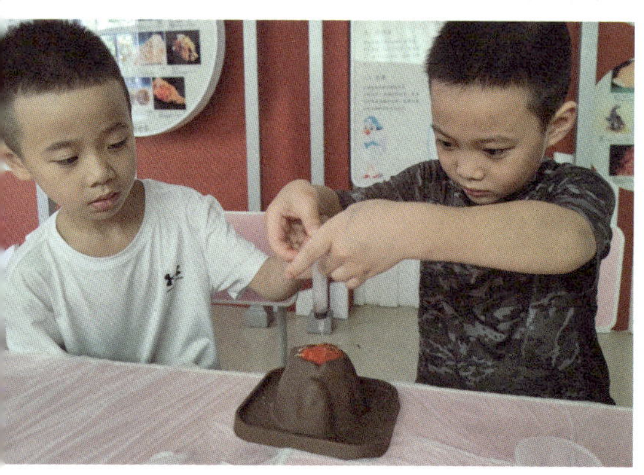

除了全年免费对外开放外，雁荡山博物馆还结合实际情况，与温州各地的中小学校建立广泛的合作关系，为青少年提供红色研学游、“五感识

火山”课堂、自然创作亲子游、自然造景师课堂、“色采自然”地质科普小课堂等一系列活动。其中的自然造景师课堂，是不少学生的“最爱”。在课堂上，你可以化身小小自然景观造景师，运用材料学、建筑学、景观学等学科的基础技巧，将所看到的雁荡美景创意制作，“造”出一处专属于你自己的自然奇景。

还不能去雁荡山博物馆参观的小朋友，可以通过微信小程序“云逛展”。在微信小程序里搜索“雁荡山博物馆”，你可以在“探索”栏目里云游雁博展厅、探秘地质知识，也可以在“品玩雁博”栏目里了解精选展览、参与线上研学，还可以通过小程序预约参观，享受找美食、找民宿等便利服务。逛馆学科普，相信你一定会对地球这本“书”有更加深入、全面的认识与了解。

基地小名片

雁荡山博物馆位于温州乐清市雁荡镇松溪大道78—79号，是全国科普教育基地、中国青少年科学考察探险基地、国土资源科普基地、浙江省科普教育基地、浙江省中小学生研学实践教育基地、首批“双减”科普教育基地。博物馆占地面积15333平方米，建筑面积3620平方米，内设影视厅、序厅、地质遗迹厅、火山演示厅、文化厅、世界火山厅、生态厅、地质公园建设发展厅8个展厅和地质展廊、科普展廊、姊妹公园展廊3个展廊，充分展示了雁荡山的地质地貌特征、地质遗迹特征、生物多样性，全球火山特征、火山喷发和破火山形成过程，以及地质公园的发展历程。

南麂列岛国家级海洋自然保护区
——在中国十大最美岛屿“上课”，等你来解锁！

水清沙幼的黄金沙滩、得天独厚的贝藻资源、物种丰富的世界级湿地，拥有这么多优质资源的南麂列岛国家级海洋自然保护区，正是学生们科普研学的好去处。南麂列岛国家级海洋自然保护区坐拥“国际重要湿地”“世界生物圈保护区”“国家级海洋自然保护区”“中国十大最美海岛”等多张“金名片”，一到旅游旺季，岛上就会“长”满小朋友。

游南麂、探海底、学知识，除了海水、沙滩与阳光，南麂岛上还有哪些“宝藏课堂”？一起来感受“碧海仙山”的独特魅力。

“贝藻王国”邀你寻找羊栖菜

南麂保护区的总面积有 201.06 平方千米，你可能对这个数字没有什么概念。但是如果你看过足球比赛，肯定会觉得球员们满场跑的足球场非常大，整个保护区竟然相当于 2.8 万个足球场的大小。保护区内最引以为傲的，就是生物多样性的“家底”。看看这组数据，你会有一个更直观的了解：南麂目前记录的生物种数共计 2886 种，其中海洋生物 2157 种、陆生生物 729 种，海洋生物包括贝类、藻类、鱼类、甲壳类，等等。得益于此，南麂成为我国海洋贝藻类的天然博物馆、基因库，被誉为“贝藻王国”。

这个王国拥有的贝藻类种数，约占全国 20%、浙江 80%，其中有不少品种都是登岛后就能马上看到的。比如它——全身棕褐色，叶子形状多变，就像长着鹿角的羊栖菜。它的假根会牢牢附着于基底面，抵抗海浪、潮水的攻击，

叶子能通过气囊浮上来，在海面上晒太阳，进行光合作用。虽然羊栖菜的名气不如紫菜、海带大，但无论是美味程度，还是营养价值，它都毫不逊色于紫菜、海带。如果你感兴趣，不如

就让“寻找羊栖菜”成为你解锁“海岛课堂”的第一课吧！

让我们感到骄傲的是，专家在南麂列岛首次发现了黑叶马尾藻等 7 个大小型海藻新种，其中南麂侧链藻、南麂蹄状藻 2 个微小型藻类就是以“南麂”来命名的。南麂的“家底”为什么会这么丰厚呢？原来，这里处于中亚热带海域，是台湾暖流和江浙沿岸流的交汇处，生态环境独特，为生物繁衍、生长提供了十分理想的“天然暖床”。

“潜”进海底跟小鱼做朋友

动画片《海底总动员》让许多小朋友喜欢上了光怪陆离的海底世界，接下来让我们“潜”进南麂海洋科教馆，一起探秘丰富多彩的海底世界，与随波舞动的海草、成群结队的小鱼做朋友。

一进入科教馆的门厅，你肯定会惊叹到大喊“哇”。这里通过 LED 通道和礁石造景，展示了南麂海岛的美丽景色，让大家充分感受最美海岛的魅力。展览区分为 8 个片区，各自都有独特的主题和丰富的展示内容，包含地面互动投影、互动科普屏幕、实体沙盘、光电玻璃展柜、沉浸式巨幕影像、大型 VR 多人海洋交互游戏等体验设备。快看！这组落地双面透明展柜里展出的，就是南麂海域里生活着的各种贝类、藻类的实物和标本，它们在海洋里无拘无束地“游泳”，还有荔枝螺做“保护者”，帮助消灭“黑暗势力”藤壶（一种附着在近岸岩礁上有石灰质外壳的小动物）。

馆内的模拟潜水器、海底深潜科考 VR 互动装置，让小朋友们玩得乐不可支。沉浸式感受海洋里鱼群的变幻游动，忍不住伸手“触摸”；看着平时饭桌上的黄鱼、带鱼、鲳鱼自在游过，体验奇幻的深海之旅……可别只顾着玩哦，带着问题玩、在游玩中寻找答案，这样才能让虚拟科普体验释放最大价值。让人期待的是，科教馆正在升级改造中，2025 年将以全新面貌开门迎客。

科教馆除了让我们认识海洋、利用海洋之外，还让我们学会如何保护海洋。平时跟着妈妈逛超市的你，用塑料袋装完东西后，会怎么处理？如果随意丢弃，这些“白色污染”很有可能会缠住海龟等海底动物，导致它们肢体受伤、缺血甚至死亡。科教馆通过墙面触屏互动问答和塑料雕塑展台，让大家意识到“白色污染”对海洋的危害，帮助大家在快乐探索中埋下爱护海洋、保护环境的种子。

“打卡”解锁海岛上的“宝藏课堂”

都说地球生命起源于海洋，那你知道我们是怎么一步步进化而来的吗？南麂海洋科教馆展出的一棵螺旋形生命进化树，可以帮助你找到答案。在这里，你可以组合式观察海洋生物进化史标本，了解棘皮动物、腔肠动物、节肢动物、爬行动物、哺乳动物等生命谱系的进化线与进化史，对“我怎么来的”这个问题有一个比较深入全面的认知。

馆内陈列着的各种化石，也是许多小朋友喜爱的“打卡点”。从表面看，化石只是普通石头，但实际上是地质学家们开启地球历史之门的一把重要“钥匙”。人类目前掌握的有关动植物在演化方面的信息，绝大多数都是从化石中找到的哦！专家们通过贝壳化石、恐龙蛋化石、狼鳍鱼化石、三叶虫化石等，解开封藏在远古地质层中的谜题。

南麂，还是鸟儿们休养生息的“天堂”。每当迁徙季节来临，黑尾鸥就会成为这里的“常客”，数量超3000只，南麂由此成为中国重要的黑尾鸥繁殖地之一。这几年，南麂还首次记录到黑脸琵鹭、黄嘴白鹭、黄胸鹀、中华凤头燕鸥等多种国家一级保护动物。南麂通过人工改造、人工招引，帮助中华凤头燕鸥在岛上产蛋、孵化。在研学游玩时，就可能迎面遇到这些珍贵的鸟类。在自然中感知、体悟、成长，南麂岛上的“宝藏课堂”，正等待着你解锁出更多、更精彩的知识。

基地小名片

南麂列岛国家级海洋自然保护区位于温州市平阳县东南海域，是浙江省科普教育基地。距鳌江港56千米，于1990年经国务院批准成立，以海洋贝藻类、海洋性鸟类、野生水仙花及其生态环境为主要保护对象，是中国首批五个国家级海洋类型自然保护区之一，也是中国最早加入联合国教科文组织世界生物圈保护区网络的海洋类型自然保护区。岛上打造的南麂海洋科教馆集教育、收藏、展示、研究等功能于一体，是一座具有国际影响力、全国一流、集中展示中国南部海域生物多样性的宣传教育科普中心。

浙江乌岩岭国家级自然保护区
——在野外博物馆邂逅“呆萌”的黄腹角雉

如果你是集邮爱好者，你一定在邮票上见过一只头顶翠蓝色肉角，脖挂艳丽肉裙的“中国鸟”，它是国家一级保护动物、“鸟类大熊猫”——黄腹角雉，而乌岩岭就是它生活的家园。乌岩岭位于温州市泰顺县的西北部，古有“百丈林”“万里林”之称，因其岩石乌黑、森林茂密而得名，是国家级自然保护区。

乌岩岭不仅是大自然爱好者心中的圣地，更是青少年探索自然、学习生态知识的绝佳户外课堂。近日，我们踏上了一段奇妙的旅程，深入这片被誉为“生物基因库”和“生态博物馆”的神奇土地，探其奥秘。

“呆萌”可爱的黄腹角雉

走进乌岩岭，黄腹角雉主题馆映入眼帘。在这里，我们可以全面地了解黄腹角雉。黄腹角雉，又称角鸡、吐绶鸟、寿鸡，听起来是不是很有范儿？黄腹角雉的羽毛可漂亮啦，雄鸟上体是栗褐色，布满了淡黄色圆斑，头顶是黑色的，戴着一顶黑色与栗红色的羽冠，就像个小绅士。最有趣的是，它们还有一对淡蓝色的肉角和翠蓝色及朱红色组成的艳丽肉裙，发情时就会向雌鸟展示。雌鸟则比较低调，通体棕褐色，密布着黑、棕黄及白色细纹，看起来就像是穿了迷彩服。

黄腹角雉的性格“呆萌”，战斗力很弱，遇到天敌全靠躲。它们常在茂密的林下灌丛和草丛中活动，一般不起飞。白天，它们在地面上觅食，晚上则在树上栖息。

说到食物，黄腹角雉可是个杂食家。它们主要以植物的花果茎叶为食，也会吃点昆虫，甚至会吞食小蛇。它们与交让木的关系密切，对交让木的果实及叶片有依赖性。

黄腹角雉的天敌可真不少，有青鼬、黄腹鼬、豹猫、王锦蛇等。

而且，它们一年只产 2 至 4 枚蛋，野外繁殖的成功率非常低，孵化的过程中还要时刻担心蛋被蛇吞食。曾有工作人员成功救出被蛇吞食的黄腹角雉蛋，后来放回鸟巢后居然成功孵化，非常惊险幸运。此外，乌岩岭的“保育员”们尽心尽力地保护着黄腹角雉，不仅改善它们的生存环境，还给它们人工造窝等，甚至安装高清探头 24 小时监控，为黄腹角雉野外安全繁殖保驾护航。在保护区工作人员的不懈努力下，目前乌岩岭黄腹角雉种群数量已由原来的 50 多只增加到 520 多只。

温州首个野外博物馆

乌岩岭建立了温州首个野外博物馆，你可能想问，什么是野外博物馆呢？野外博物馆就像是一个超级好玩的自然大课堂，里面藏着生物学、生态学和博物馆学的秘密，专门展示生物的多样性和美丽的自然景观。在乌岩岭，你就像走进了一个巨大的博物馆，保护区特别设计了一条登高线和两条环线，还放了 80 块展示牌，教你认识动植物，科普生态小知识。

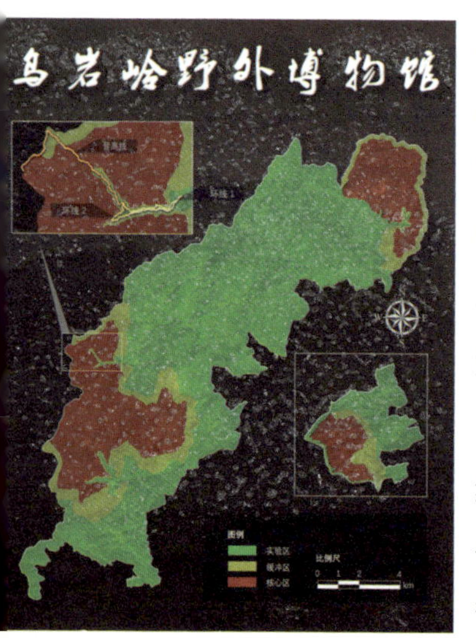

一踏上乌岩岭的土地，就像进入了大自然的奇幻世界。每一片叶子都在跟你打招呼，每一块土地都藏着生命的秘密。我们沿着弯弯的山路探险，耳边是叮咚的溪水声，眼前是绿得发亮的森林，空气中还有泥土和树叶的清新味道。路上，我们还能遇到好多神奇的生物，比如能醒酒的“拐枣”，其实是光叶毛果枳椇，因为它的形状像鸡爪，味道又甜得像枣子，所以大家都这么叫它。还有民间俗称“猴难爬”的尖萼紫茎，爱摆尾的红尾水鸲，“亦正亦邪”的红毒茴等等，科普知识就这样生动又有趣地进入了脑海中。

再往前走，我们还发现了乌岩岭岩石的秘密。你知道吗？乌岩岭以前可是火山活动很多的地方，那些岩石都是火山岩，经过漫长岁月的风化，岩石表面就变成了乌黑色。如果你对这些知识感兴趣，还可以扫一扫展示牌上的二维码，了解更多有趣的知识。

从山脚到山顶，乌岩岭有 2954 种野生植物，还有 86 种国家重点保护野生动物。这里还是天然“氧吧”，深呼吸能让身心放松。这次野外博物馆的探险之旅，绝对让你大开眼界，收获满满。

超酷的大自然探险研学

2023 年，乌岩岭国家级自然保护区入选国家青少年自然教育绿色营地名录。这里是“生物基因库”和“生态博物馆”，更是全球独一无二的黄腹角雉守护和科研乐园。近几年，乌岩岭举办了大自然探险研学，就像一场生物多样性大冒险，登顶温州最高峰、追踪飞云江的源头、探索原始森林的奥秘，还有可能亲眼见到美丽神奇的黄腹角雉。

你知道吗？保护区投入1300多万元建设的黄腹角雉主题馆，里面有超多动植物标本、逼真的栖息地模拟，还有炫酷的声光电多媒体，让你仿佛置身大自然中，感受生物多样性的奇妙。而且保护区还跟浙江大学、北京师范大学等知名高校合作，请来了科普大咖，组成了一支科普小队，定期给青少年们带来有趣的科普讲解。

更酷的是，保护区为青少年们设计了多条研学路线和一系列自然科普课程，就像一场场产学研的魔法冒险，在这些活动中，你们不仅能学到生态知识，还能燃起对大自然的热爱和保护大自然的小火苗。

乌岩岭，这片神奇的土地充满了生命力和活力。在这里，每一片叶子都在诉说着生命的故事，每一声鸟鸣都在传递着自然的乐章。在保护区的努力下，这片美丽的土地将会变得更加闪耀。快来乌岩岭吧，感受这片绿色宝藏的神奇魅力，成为保护自然的小小勇士，让乌岩岭的生态之美永远延续下去。

基地小名片

浙江乌岩岭国家级自然保护区位于温州市泰顺县境内，是浙江省科普教育基地，也是世界濒危鸟类——黄腹角雉的故乡，总面积18861.5 公顷，是我国离东海最近的森林生态与野生动物类型国家级自然保护区。保护区内生态优美，生物资源丰富，享有天然“生物基因库”和绿色“生态博物馆”的美誉。近年来，保护区充分发挥乌岩岭保护区天然生态大课堂和科普教育基地作用，以黄腹角雉主题馆、野外博物馆、多媒体教育展示平台为载体，打造“自然体验 + 科普教学”的自然教育实践新模式，通过开展智慧研学、科普宣传等多种活动，在全社会凝聚生物多样性保护力量，共同开创自然和谐的新局面。

百丈漈景区科普教育基地
——中华第一高瀑，大自然的杰作

如果你有刷短视频平台的习惯，你一定会刷到俊男靓女在仙气飘飘的瀑布前惊艳变装的视频，那瀑布大概率就是文成的百丈漈。2024 年在网络平台爆火出圈的温州景点非文成百丈漈莫属，无数“网红”到此打卡。百丈漈到底有何魅力，让全国网友竞相奔赴呢？让我们来一探究竟吧。

中华第一高瀑

假如你不爱拾级而上，那就从北门进入，乘坐洞穴电梯再漫步深入。远处，隐约传来隆隆的水声，那是大自然最原始的乐章。沿着蜿蜒的山路行走，突然间，眼前豁然开朗，一幅震撼人心的画面跃然眼前——这便是被誉为“中华第一高瀑”的

百丈一漈瀑布，它以雷霆万钧之势，从高达207米的悬崖峭壁上倾泻而下，宛如一条银色巨龙，在翠绿的山谷间肆意翻腾。

站在瀑布脚下仰望，阳光透过水雾折射出七彩霓虹，横跨在瀑布之上，宛如一座绚丽多彩的天桥，连接着人间与仙境。随着瀑布的跌落，水流猛烈撞击下方的岩石，溅起无数细小的水珠，化作层层水雾，水雾随风飘散，轻轻拂过脸颊，带来一丝丝凉意，也带走了过往游人的疲惫。

瀑布前有座观瀑亭，古朴的石亭点缀在山水间，显得恰到好处。刘基观瀑后曾有诗云："悬崖峭壁使人惊，百斛长空抛水晶。六月不辞飞霜雪，三冬更有怒雷鸣。"形象地描绘了百丈一漈的壮美与气势。

百丈漈是阶梯形瀑布，分为三漈，自古就有"一漈百丈高，二漈百丈深，三漈百丈宽"的说法。还没从一漈的震撼中回过神来，便来到了百丈二漈。这里的景致与一漈不同，多了些趣味。乍一看，以为来到了"水帘洞"，游人需要从瀑布间穿洞而行。耳边是瀑布的轰轰声，水雾包裹着全身，穿过长50米的岩廊，仿佛被大自然洗礼了一般，周身清爽、神志清明、烦闷消除。

沿着山路来到三漈，会变得平坦许多，这里是瀑布群，宽阔的瀑布美景边，你可以试试换身飒爽的汉服装束，吊个威亚，圆一圆你的“武侠梦”。

大自然的鬼斧神工

当你走完百丈漈可能会好奇，这壮丽的景象是如何形成的。其实是大自然的鬼斧神工。百丈漈位于温州市文成县境内，地处雁荡山脉（也有说法为洞宫山脉延伸段）的南麓。其地形地貌独特，地势自西向东倾斜，周围是海拔高达800米的高山平原，形成了V形深壑巨涧，为瀑布的形成提供了得天独厚的自然条件。百丈漈的地质构成大部分为白垩纪火山岩系，这些岩石在长期的地质作用下，经历了风化和溶蚀等过程，形成了特殊的岩石结构。这些岩石结构不仅为瀑布的形成提供了物质基础，还使得瀑布在长期的水流侵蚀下能够保持其壮观景象。

文成县地处亚热带季风气候区，雨量充沛，长期的水流侵蚀使得岩石层逐渐松动，加上断层的抬升和下沉等地质活动，

使得这一地区的岩石层形成了巨大的陡崖和深谷。这些陡崖和深谷为瀑布的形成提供了必要的落差和空间条件，使得百丈漈瀑布能够气势恢宏地展现在世人面前。

同时，百丈漈还拥有丰富的动植物资源。景区内群山环绕，保存着较为完好的大面积天然常绿阔叶林、针叶林，森林覆盖率达98.9%。这里有植物167科538属1005种，其中属于国家重点保护的珍稀濒危植物有金毛狗、红豆树等7种，列为浙江珍稀濒危植物的共有19种，还有各类野生陆生脊椎动物203种，属国家一级保护动物的有黑鹿、云豹、黄腹角雉等5种。

当你漫步于山水间，也许会遇见活泼可爱的猕猴。如果你也喜欢小动物，不妨趁周末来此跟小动物们来个偶遇吧。

纯天然的研学圣地

百丈漈不仅是一个观光胜地，更是科普教育基地。这里的地质构造、植被类型、生态环境等都具有很高的科普意义和研究价值。由于景区极其重视生态保护，百丈漈商业气息并不浓厚，有种“天然去雕饰”的美，是纯天然的研学圣地。

在这里，青少年们可以了解瀑布形成的奇妙原理，还可以通过景区内随处可见的植物名片认识许多在城市中难得一见的花草树木。例如偶遇的这株枫杨，木牌上介绍了它的科属、别名和习性，还介绍了枫杨的树皮有祛风止痛、杀虫等功效。类似的“姓名牌”伴随着你登山的脚步，亲眼看见树木，了解相关知识，还能细细观察一番，跟在书本和电视上所见所感完全不一样。

此外，百丈漈景区还定期举办各种科普教育活动，如地质考察、植物识别、认识珍稀动物等，让青少年们在欣赏美景的同时学习到更多自然科学知识。

文成百丈漈景区科普教育基地就像一座桥梁，连接着青少年与大自然。它以独特的自然风光和丰富的科普知识，为青少年们打开了一扇探索自然、了解生态保护的大门，让青少年们成为大自然的朋友，学会与大自然和谐相处。带着这份对大自然的好奇与尊重，在生活的广袤天地里探索未知，用科学的眼光去观察世界，用智慧和行动去守护我们美丽的家园吧。

基地小名片

文成县百丈漈景区科普教育基地位于温州市文成县大峃镇，是温州市科普教育基地。基地内的百丈漈有“一漈百丈高、二漈百丈深、三漈百丈宽”的特点，其中百丈一漈高 207 米，宽 50 余米，为全国最高单体瀑布。基地森林茂密、动植物种类丰富、环境优良，森林覆盖率达 98.9%，负氧离子浓度高达 3975 个 / 立方厘米，是温州周边地区少见的一个集“瀑布雄伟、林茂谷幽”于一体的科普研学基地。基地充分利用自身资源积极开展寓教于乐的科普教育活动，带领青少年们接近自然、拥抱自然，进一步拓宽他们的视野，激发他们热爱大自然、保护环境的热情。

下篇

行路致远
探新逐梦

第四章

智慧沃土

地方产业的科技新篇

温州医科大学眼健康科普馆
——让“EYE”驻心中！沉浸式爱眼活动来啦

小眼睛，大世界。眼睛是人体最精巧、最完美的感觉器官，可我们身边却出现了越来越多不爱眼、不护眼的“小眼镜”。你是不是也好奇人为什么会近视？你是不是也想通过科学用眼摘掉眼镜？来到温州医科大学眼健康科普馆，或许能让你一站式解锁“睛彩视界”，守护明亮双眸。

温州医科大学眼健康科普馆是全国首家现代化的眼健康科普馆，也是温州全市唯一一个全面系统的眼科科普基地。在这里，你可以发现眼睛的无穷奥秘，也可以探究眼科疾病的发病机理，还可以领略智能“黑科技”VR 眼镜的魅力。事不宜迟，让我们

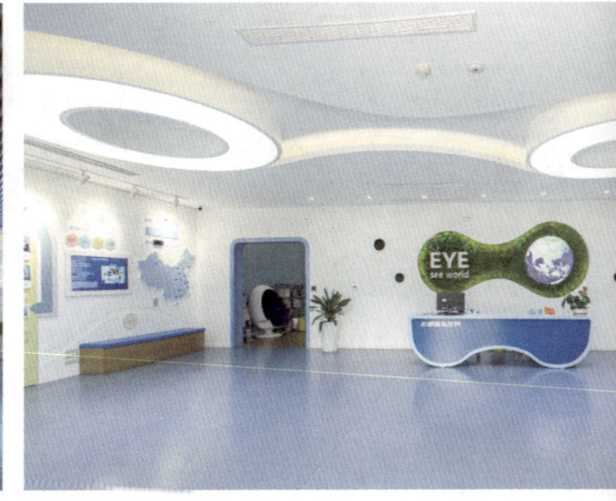

沉浸式体验爱眼护眼的全过程吧！

穿上白大褂，一起记住“三个一”

进入眼健康科普馆后，工作人员会给每位参观者发放参观的“标配”——缩小版白大褂，参观的小朋友秒变“小医生”。白大褂上还印着“温医大眼视光”的字样与标识，可谓仪式感满满。

跟眼睛有关的“十万个为什么”，你都可以在眼健康科普馆里找到答案。这个科普馆通过讲座、展板、仪器、游戏等，让“小医生”们了解学习眼睛构造、眼镜发展史、近视的防控与矫正等各种眼健康知识，帮助大家养成科学用眼的好习惯。

你是不是以为，只要少看电子屏幕就能避免近视了呢？事实上，用眼习惯、遗传因素和户外活动时间都会影响一个人的视力。馆内展板上的小知识告诉我们，正确的坐姿、适当的阅读距离是预防近视的关键。不妨一起来记住“三个一”口诀吧！眼离书本一尺，胸离书桌一拳，手离笔尖一寸，再加上勤洗手、不揉眼，吃饭、走路、乘车时不看书报，相信你的双眼一定可以炯炯有神，不被近视困扰了。

但是如果你不好好爱惜眼睛，那等待你的就会是各种恼人的眼病了。馆内的眼病科普长廊展示了一个人从幼年、青年，再到中年、老年全生命周期内可能会患的7种常见眼科疾病，

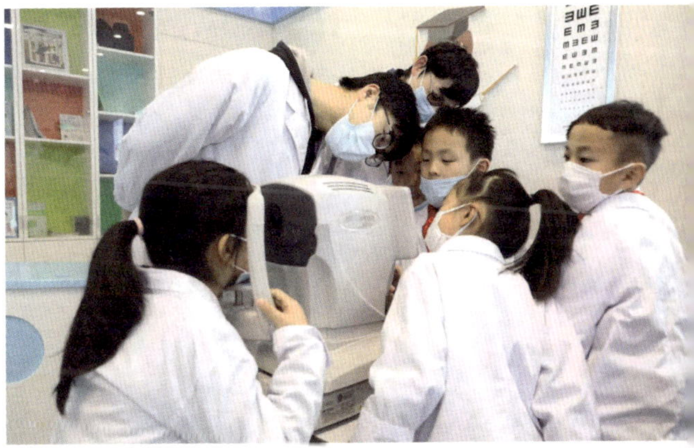

拥有健康双眼的参观者通过设备能看到黄斑病变、青光眼、散光等患者看到的“非一般世界”，才会更加明白守护“睛彩视界”的重要性。

定制“眼睛”让你看见变色龙的世界

去医院检查视力的时候，你是不是也很好奇检测仪器里会出现什么样的画面？眼健康科普馆可以让你“圆梦”。在专业医生的带领下，“小医生”可以在仪器体验区零距离观察验光仪、眼压仪等各种专业医疗器械，体验一番眼科检查的全过程。完成仪器检查的体验后，参观者会进入一条光影长廊——通过镜面反射原理打造出的无限延伸空间，向上是“摩天大楼”，向下就是“无底深渊”。由爸爸妈妈陪伴参观的小朋友，可以请家长帮你在这里拍上一张“魔幻大片”哦。

“动物的眼睛”展区，肯定会成为你爱逛的区域。由于生活方式不一样，每种动物看到的世界与我们眼中的世界可不完全一样。这个展区汇集了多种动物各有神韵、千姿百态的“眼睛”，通过这些专业“眼睛”，你可以看到动物眼中的世界。比如，变色龙的眼睛能上下左右自由转动，头不动就能把周围360度尽收眼底，呈现出一个环状世界；蛇的视力很不好，都是“近视眼”，但是却可以感应热能，所以它们看到的是热成像一样的画面。

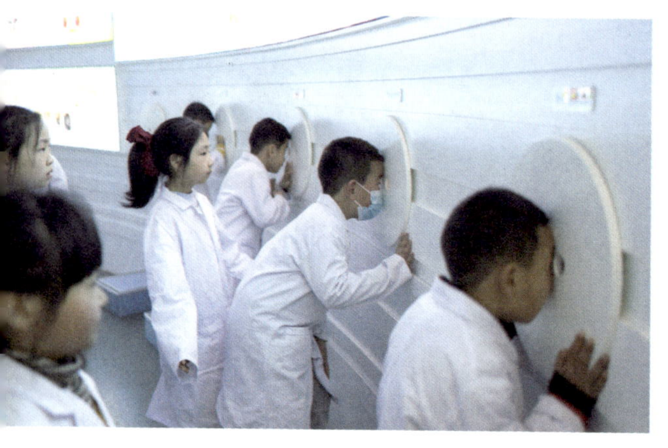

馆内的近视远视演示器是小朋友们最喜欢把玩的器材之一。这个演示器模拟出眼球、晶状体、视网膜、视神经等眼部构造，参观者开启光源，观察三束光线的落点位置，可以直观地学习近视、远视产生的原因。如果你现在已经近视，也不用过分担心，通过佩戴眼镜、角膜接触镜或接受屈光手术，都可以改变眼屈光面的折射力，让你再次看见清晰世界。

戴上VR眼镜360度“云旅游”

“小医生”在馆内不仅可以看，还能动手玩一玩。在游戏互动区，此起彼伏的欢笑声、尖叫声，充分证明了小朋友们对这个展区的喜爱。“眼高手低”游戏，你要拿着画笔，看着镜子中的影像，在底板上沿着轨迹画出五角星，不过你会发现很难准确画出，这其实是在测试你的对称思维；“字眼字语”游戏，你要开动小脑筋，通过堆积木组成尽可能多的四字成语；“眼疾手快”游戏，你要双手并用，体验挂墙版“打地鼠”；“VR切水果”游戏，你要挥舞“大刀”，酣畅淋漓地“切”开苹果、香蕉、西瓜。

如果玩累了，可以来到“眼睛涂鸦墙”，静下心来用纸笔画出自己想象中最好看、最特别、最奇怪的眼睛。如果画技出众，你的“大作”还有可能被工作人员选中展示在涂鸦墙上。VR体验区是另一个让你放松身心的展区。在这里，你可以戴上专业的VR眼镜，身临其境般360度“云游览”绝美风景。

值得一提的是，展馆内还有一间伸手不见五指的小黑屋，地上是一条长长的盲道。进入小黑屋，关上房门，双脚感应盲道摸索着前进，你就能大致体验盲人在人行道上行走的艰辛与不易了。

参观结束，准备回家前，眼健康科普馆还给大家准备了一份特殊“礼物”：一张写有你名字、参观日期等信息的荣誉证书，祝贺你获得了“光明之星”称号，同时提醒你“爱眼护眼，从我做起，眼健康科普馆，让 EYE 驻心中”。

基地小名片

温州医科大学眼健康科普馆位于温州市鹿城区学院西路270号，是全国科普教育基地、浙江省新质生产力科普体验馆，集科学性、趣味性与互动性于一体，致力于打造服务近视防控国家战略、提升全民眼健康水平的重要科普教育平台。眼健康科普馆通过先进的展示技术、丰富的互动体验及专业的科普讲解，将复杂的眼科知识以生动有趣、易于理解的方式呈现给青少年群体，让参观者近距离感受眼睛的奥秘，深刻理解保护视力、预防眼病的重要性，有效提升社会大众对眼健康问题的关注度和自我保健能力。截至目前，温州医科大学已在全国各地建设53家眼健康科普馆。

正泰物联网传感器产业园
——科技与绿色低碳的奇遇

当你踏入正泰物联网传感器产业园的那一刻，仿佛穿越到了未来世界的科幻场景中。这里，物联网传感技术无处不在，它们像一群拥有超凡洞察力的精灵，悄无声息地注视着园区的每一寸土地，为企业的创新发展注入无尽的活力与灵感。

一走进园区，你立刻会被这里浓郁的科技氛围所吸引。但更令人赞叹的是，正泰物联网传感器产业园在追求科技创新的同时，还将绿色低碳、节能减排的理念做到了极致。这里，科技与绿色交相辉映，共同编织着低碳生活的绚丽篇章。

智慧能效管控：绿色低碳的极致展现

“我们这里的车棚跟别的地方可不一样。”在正泰物联网传感器产业园，跟着工作人员的引导，我们可以看到园区东侧的一个车棚很“特别”。原来，这是光储充车棚解决方案，棚顶发电，棚下充电，绿色环保又方便。

据介绍，园区里除了车棚，所有屋顶也都装上了太阳能板，加上光伏路灯和垂直风机，整个园区都能自己发电，每月能产出近 4 万度电呢。这些绿色电力优先供给空调、充电桩、照明等设备使用。如果有多余的电，还会被园区建设的储能间存起来，确保电力供应始终稳定高效。2024 年以来，通过源网荷储的配合，园区已经减少了约 27 万千克的碳排放。

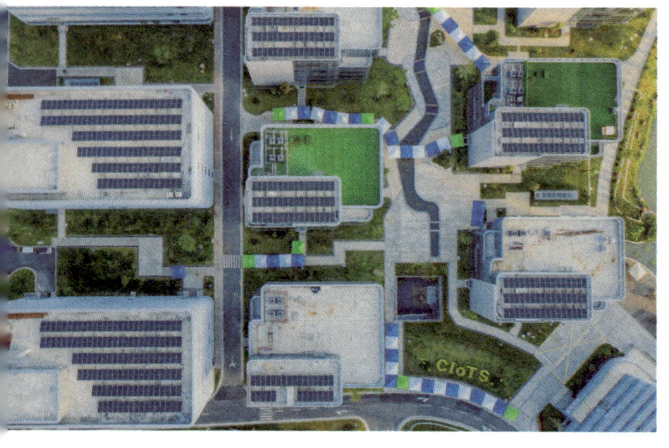

在园区里漫步，你还会发现更多绿色低碳的“小秘密”：地下车库出入口的光伏、建筑上的隔热幕墙、电动汽车充电桩……在正泰智慧能效管控云平台上，产业园的能效运行情况一目了然。各种数据实时更新，仿佛在讲述着分布式区域能源如何协同作战，为产业园注入源源不断的绿色动力。这一切，都得益于园区的区域能源解决方案，让园区能源使用更加智慧、绿色、高效。

冰蓄冷的秘密：科技与节能的完美融合

走进正泰物联网传感器产业园的绿色低碳综合能源示范馆，我们深深感受到“科技改变生活”的含义，整个园区的每一处细节都做到了绿色低碳、多能互补、可持续发展。例如整个园区没有一台传统意义上的空调，完全通过内循环来达到制冷效果，令人啧啧称奇。

在炎热的夏日，空调是我们不可或缺的“避暑神器”。但传统的空调系统往往需要消耗大量的电能来制冷，这不仅增加了运营成本，也对环境造成了一定的负担。而正泰物联网传感器产业园内的冰蓄冷系统，则巧妙地利用夜晚的低谷电价，将冷水制成冰块储存起来，等到白天用电高峰时，再将这些冰块融化释放出冷气，为园区提供制冷服务。

这个系统的工作原理听起来简单，但实际上却蕴含着深厚的科技含量。首先，它需要对园区的制冷需求进行精确预测，以确保储存的冰量既能满足需求又不会造成浪费。其次，冰蓄冷过程中的温度控制、能量转换效率等都需要经过精细的设计和严格的测试。最后，整个系统还需要与园区的物联网平台紧密连接，实现智能化管理和远程控制。

通过这样的设计，正泰物联网传感器产业园不仅大大降低了制冷成本，还提高了能源利用效率，为节能减排做出了积极贡献。当你踏进园区，享受着凉爽的环境时，其中就有冰蓄冷系统的功劳哦。

滩涂渔光互补电站：上可发电下可养鱼

在蓝天白云下，一块块巨大的太阳能板如同蓝色的海洋，波光粼粼，它们不仅美观，还蕴含着巨大的能量。这是在正泰物联网传感器产业园内了解到的“泰瀚 550MW”——建成时是亚洲最大的海上滩涂渔光互补光伏发电项目。但泰瀚的神奇之处远不止于此，它实现了“上可发电，下可养鱼”的绿色梦想。

想象一下，当你站在观景台上，放眼望去，一排排整齐的太阳能板在阳光下熠熠生辉。这些太阳能板通过捕捉阳光，将光能转化为电能，源源不断地为周边提供清洁、可再生的能源。项目年平均发电量可达 6.5 亿度，可满足 13 万户家庭的全年用电。

然而，泰瀚的惊喜还藏在它的脚下。在太阳能板下方的水域，这里生活着各种鱼儿，它们在水中欢快地游弋，仿佛完全不受上方那些“蓝色巨人”的影响。原来，正泰的设计师们巧妙地利用光伏板下方的空间，构建了一个生态友好的水产养殖系统。光伏板为鱼儿遮挡了强烈的阳光，创造了适宜的水温环境，同时，鱼儿的排泄物又为水体提供了养分，促进了水草的生长，形成了一个良性循环的生态系统。

这样的设计不仅提高了土地的使用效率，还实现了能源生产和农业生产的双赢。据介绍，该项目充分利用水域面积，将渔业养殖和光伏发电相结合，形成“水上发电、水下养殖”的产业模式，大自然没有受到干扰，又充分利用了大自然，这不仅是一个绿色能源的产品，更是一次人与自然和谐发展的探索。与同发电量的火电相比，每年可节约标煤 23.52 万吨，减少二氧化碳排放 64.8 万吨、二氧化硫排放 1.95 万吨，节能减排效益显著。

基地小名片

正泰物联网传感器产业园位于温州市乐清市柳市镇长东路 1 号，占地面积 108 亩，建筑面积约 17 万平方米。产业园围绕新材料、半导体、智能电气、物联网传感器等产业领域，建设四大基地：数字化人才培训与技术交流的聚集基地、工业软件及物联网云平台应用开发的共享基地、产品智能化与制造数字化的实践基地、产业升级与孵化创新的培育基地。搭建政产学研合作平台，联合国内外领先的企业及科研院所，构建三大中心：物联网解决方案体验中心、数字化技术创新赋能中心、商务共享服务中心。打造以“数字赋能 + 生态圈联盟 + 产业与孵化投资”为一体的新兴概念产业园区。

温州南塘中医药特色街区
——传统中医药的现代魅力画卷

在温州市鹿城区，流淌着一条宛如绿色绸带的温瑞塘河，它不仅是温州的“母亲河”，更是这座城市的灵魂所在。在这条河的温柔怀抱中，隐藏着一个充满神秘与魅力的街区——温州南塘中医药特色街区。这里，仿佛是一个穿越时空的隧道，将古老的中医药文化与现代的都市生活完美融合，成为一个既传统又时尚的健康乐园。

每一步都是中医药元素

当你踏入温州南塘中医药特色街区的那一刻，仿佛穿越到了千年前的古代医馆。街区自 2015 年开始筹备，经过精心打造，终于在 2018 年正式对外开放。它是在上级部门和单位的重视与支持下，由温州市健康产业和中医药促进会牵头并携手众多企业共同创建的，旨在传承和发扬温州悠久的中医药文化。如今，这里吸引了无数游客前来参观，成为中医药文化的展示窗口和体验乐园。

早在南宋时期，以陈无择为代表的永嘉医派已自成一派，陈无择所著《三因方》为中医病因学专著，对后世病因病理学有很大影响。为了纪念他，街区里特设了陈言亭、铜墙壁画等景点，让游人在游览中感受到浓厚的中医药文化氛围。

当你漫步在街区，首先映入眼帘的是一组栩栩如生的花岗岩石雕。它们生动地刻画了陈无择等温州历代名医的形象。继续前行，一座古色古香的长方形亭子——陈言亭映入眼帘。匾额上的“陈言亭”三个镏金大字在阳光下熠熠生辉，亭联“满园橘杏南塘里，千载三因济世方”更是对陈无择医术和医德的高度赞美。

在街区里，你可以看到每一块地砖、每一面墙壁都巧妙地融入了中医药文化的元素。地砖上雕刻着中药“浙八味”和“温五味”，图文并茂，让你在行走中就能了解到这些具有地方特色的中药材。墙面上则呈现着“永嘉医派”“利济医学堂”等温州古代中医药界图景的壁画，这些壁画形象生动，将观者带入中医药文化的世界。

中医药活动乐趣无穷

温州南塘中医药特色街区不仅是一个静态的展示场所，更是一个充满活力的互动平台。街区以南宋儒医陈无择的三因学说为核心，积极开展中医药学术研究和交流活动。街区与多所高校和科研机构建立了合作关系，定期举办中医药学术讲座和研讨会，为中医药文化的传承和发展提供了坚实的学术支撑。

此外，街区还非常注重中医药科普活动的开展。中医药科普馆、中药饮片辨识区等景点通过生动有趣的互动方式，让你在游玩中学习到中医药知识。你可以在这里看到各种中药材的标本和模型，了解它们的功效和用途；你还可以亲手制作香囊、辨识中药，感受中医药文化的独特魅力。这些活动不仅让你在玩乐中增长了知识，还激发了你对中医药文化的兴趣和热爱。

除了学术和科普活动外，街区还定期举办各种丰富多彩的中医药主题活动。其中最受欢迎的莫过于中医药夜市了。夜幕降临，街区内的灯光逐渐亮起，中医药夜市便热闹起来。在这里，你可以品尝到各种养生美食，如中药茶饮、中药奶茶、药膳小点等。这些美食不仅美味可口，还具有一定的养生功效。你可以一边品尝美食，一边了解它们的中药成分和功效，真是既满足了味蕾又增长了知识。

夜市上还有各种中医互动打卡游戏点，如中药灯谜、香囊手作、辨识中药等。更有趣的是，医院的医护人员还会变身“摊主”，为市民送上健康福利。他们免费为市民提供推拿、针灸、刮痧、耳穴等中医治疗体验，让你在玩乐中感受到中医药文化的独特魅力。这些活动不仅让你感受到了中医药文化的乐趣，还提升了你的健康意识和养生水平。

中医药文化的璀璨明珠

温州南塘中医药特色街区不仅是一个展示中医药文化的窗口，更是一个汇聚名医、传承非遗的宝地。街区积极引进省内外名医和民间高手，实施“名医工程”，为市民提供优质的医疗服务。在这里，你可以看到中医内科、中医妇科、中医儿科、中医耳鼻喉科、中医男科等多领域的专家齐聚一堂，他们不仅医术精湛，还热衷于中医药文化的传承和普及工作。

作为中医药非遗文化的展示窗口，街区还打造了“非遗百家坊”工程。目前，已经有 10 多位省内外中医药非遗传承代表人物常驻街区，他们在这里展示着精湛的技艺，传承着中医药文化的精髓。你可以亲眼看见非遗传承人的风采，亲身体验中医药非遗文化的独特魅力。

未来，街区将结合旅游、养老、食品、体育等产业，打造“中医药 +”特色项目。在游览街区的同时，还能体验到中医药养生、中医药美食等多元化的服务。温州南塘中医药特色街区就像一颗璀璨的明珠，镶嵌在温州这座美丽的城市中。它以独特的中医药文化魅力、丰富的中医药资源和蓬勃发展的地方产业，为青少年们打开了一扇了解中医药的大门。在这里，你可以感受到中医药文化的深厚底蕴和独特魅力；在这里，你可以体验到传统智慧与现代生活的完美融合。希望更多的青少年能走进这里，感受中医药的神奇魅力，让中医药这一中华民族的瑰宝在新时代绽放出更加耀眼的光芒。

基地小名片

温州南塘中医药特色街区（温州市健促会中医药文化科普教育基地）位于温州市鹿城区南塘街与温迪路交叉口，是温州市科普教育基地。街区以“千年三因·康养生活”为核心，着力打造研学特色。不仅长期开展中小学生的研学活动，还不定期组织国际医学交流生参加。同时，借助讲座、研讨会及实地考察等形式，深入讲解陈无择的三因学说及中医药文化，为学生搭建实践学习平台。

自 2015 年提出并启动建设，2018 年对外开放以来，温州市健康产业和中医药促进会携入驻企业倾力打造街区，已取得显著成效，参观人数逐年增加，形成了文化、名医、非遗、学术、科普、产业六大特色。温州南塘中医药特色街区在打造中医药文化传承与创新发展的道路上，不仅注重传统中医药文化的挖掘与展示，还积极探索创新举措，推动中医药与现代生活的深度融合。

东海贝雕艺术博物馆
——海洋艺术的璀璨殿堂

在浩瀚无垠的东海之滨，有座海上花园——温州洞头区，其中隐藏着一座神秘的宝藏殿堂——东海贝雕艺术博物馆。这里不仅是海洋艺术的璀璨明珠，更是青少年探索自然与艺术的奇妙乐园。当我们走进这座流光溢彩的殿堂，会被贝雕艺术的独特魅力深深折服，博物馆更是通过展示、研学等方式，在大众面前揭开贝雕艺术的神秘面纱。

东海贝雕艺术博物馆坐落于洞头区燕子山脚下，是目前国内首家以螺钿为主题，集生产、销售、研学、学术分享、教育、展览展示于一体的博物馆，收集展出了从唐朝以来各个时期的各类螺钿藏品几千件。

海上花园的宝藏工艺

提到洞头区，你可能首先想到的是“百岛之县”的美誉。这里岛屿星罗棋布，海岸线曲折蜿蜒，就像是大自然精心绘制的一幅海岛画卷。而浩瀚的海洋，孕育了无数珍贵的贝类资源。正是这些五彩斑斓的贝壳，为贝雕艺术提供了源源不断的灵感和素材。

贝雕，这门古老而又充满生命力的工艺，源于人们对大海的敬畏与热爱。早在几千年前，我们的祖先就开始利用贝壳进行装饰和创作。而东海贝雕艺术，更是将这一传统工艺发挥到了极致。工匠们通过巧妙的构思和精湛的手艺，利用贝壳的天然色泽与纹理，经过切割、打磨、镶嵌等复杂工序，最终创作出了一件件栩栩如生、巧夺天工的贝雕艺术品。

其实，贝雕一词出现的时间并不久远，属于新中国成立后民间的一种便利称呼，在古代则称为螺钿。“螺”指鲍贝、夜光螺、蚌壳等材料，“钿”为镶嵌加工之意。其历史悠久、文化内涵丰富，不仅在中国深受喜爱，还影响了整个东亚地区。

贝雕技艺是洞头的一项省级非物质文化遗产代表性项目，始创于 20 世纪 40 年代。从最初专门生产花鸟、山水、人物、博古等画屏，到后来开发生产手链、耳环、首饰盒等贝雕工艺品，

洞头的贝雕工艺不断创新，产品种类和工艺技术在全国贝雕领域中都居领先地位。

在这里，你可以看到用贝壳雕刻成的花鸟鱼虫，它们栩栩如生；也可以看到用贝壳拼接成的山水人物，它们线条流畅，意境深远，让人不禁为之赞叹。每一件贝雕作品，都是工匠们智慧的结晶，更是他们对海洋艺术的深情诠释。

流光溢彩的贝雕作品

从你踏入博物馆的那一刻起，一场视觉盛宴便悄然拉开序幕。从贝类的种类、分布，到贝雕工艺的历史沿革、技艺特色，再到一件件精美的贝雕家具、摆件等工艺品，它们仿佛在诉说着一个个动人的故事，带你走进一个充满奇幻色彩的贝雕世界。你还可以亲眼看见贝雕匠人们如何巧妙地利用贝壳的天然色泽和纹理形状，经过设计图稿、粗雕细磨等十几道工序，最终完

成一件精美的贝雕作品。

“你知道吗？这可是世界上最大的砗磲化石。”在讲解员的指引下，我们看到了5000多万年前生活在海洋里的软体动物化石。博物馆里的这件砗磲化石经上海大世界基尼斯认定为目前已知的世界最大砗磲化石。

博物馆的藏品以螺钿漆器为主，包括各种家具、器皿、画屏等。其中，一件平螺钿铜镜尤为引人注目。这件作品是匠人花了半年时间精心制作的文物复刻品，其原型为中国唐代平螺钿八角铜镜，目前保存在日本正仓院。铜镜以青铜镜身为基底，红色琥珀作为花心，施以螺钿花纹，玳瑁、贝壳镶嵌出宝相纹等纹样，剔刻出暗纹，其间又镶嵌着绿松石和青金石等细片，经过研磨后表面光滑如镜，制作工艺尽显奢华。在不同的角度观看，它还能折射出不同的亮度，让图案更加立体。

这些贝雕展品不仅展示了工匠们的精湛技艺，更传递了人们对海洋的热爱与敬畏。每一件作品背后，都蕴含着一段动人

的故事，让人在欣赏之余，也能感受到海洋文化的深厚底蕴。

丰富多彩的研学课程

东海贝雕艺术博物馆不仅是一个展示海洋艺术的殿堂，更是一个青少年探索自然与艺术的研学基地。这里为青少年朋友们提供了丰富多彩的研学课程，让他们能够在实践中学习贝雕艺术，感受海洋文化的魅力。2024 年 12 月，博物馆的贝雕体验点更是入选了《第一批浙江省非物质文化遗产体验点推荐目录》。

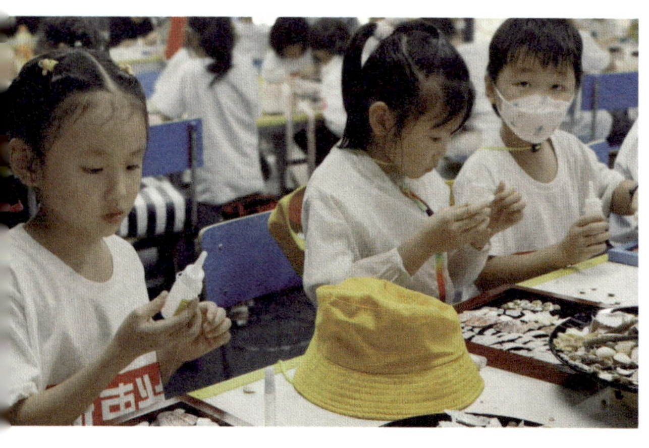

博物馆研学教室的墙面上挂着孩子们的手工作品。这里有十多项手工课程可供选择，有 DIY 拼贴画、螺钿笔盒制作、螺钿尺子、贝堆制作，等等，专业的工匠老师会手把手地教你如何挑选贝壳、如何切割打磨、如何镶嵌拼接。孩子们在动手实践的过程中，不仅能学到贝雕的基本技艺，还能培养耐心、细心和创造力。当他们看到自己亲手制作出的贝雕作品时，那种成就感和自豪感是无法用言语来表达的。

东海贝雕艺术博物馆等待着每一位热爱自然与艺术的青少

年朋友们前来探索与发现。在这里，你可以感受到贝雕艺术的独特魅力，了解海洋文化的深厚底蕴，参与丰富多彩的研学课程，收获知识与快乐。在结束旅程的时候，不妨在博物馆的纪念品商店里挑选一件精美的贝雕小礼品带回家，作为旅行的美好记忆。无论是用贝壳雕刻成的小摆件，还是用贝壳制作成的首饰，都是独一无二的艺术品。

基地小名片

东海贝雕艺术博物馆位于温州市洞头区燕山路 695 号，是温州市科普教育基地，也是拥有独立法人的非国有博物馆。博物馆面积有 5000 多平方米，是目前国内首家以螺钿为主题的博物馆。展品以宋元明清各个时期的螺钿漆器为主，收藏了世界各地的螺钿文物及标本化石。博物馆为浙江省级研学实践基地，一次性可容纳 800 名学生体验参观，有非遗传承人驻场指导，针对不同年龄的孩子设置了不同的课程，让孩子在参观的同时能研有所学。

鞋文化博物馆
——鞋履虽小，智慧无穷

小小的一只鞋，见证了华夏文明的起源与发展，也见证了人类一生中的各个重要时刻。温州制鞋业历史悠久，被称为“中国鞋都”，从南北朝时太守谢灵运独创的活络齿屐，到南宋时南戏名剧《张协状元》中广为传唱的曲牌名《赵皮鞋》，再到明朝成化年间被列为皇家贡品的温州鞋，温州制鞋业在商品经济萌芽时期便与文化结缘。

在温州这座历史悠久的城市中，有一处既充满文化底蕴又拥有科技风向的博物馆——温州市红蜻蜓鞋文化博物馆。在这里，你不仅可以看到人类从远古时代至今的鞋履变迁，还可以看到鞋履科技发展，更可以体验制作手工皮具、AI 智趣实验室等研学课程，让人真切体会到鞋履虽小，却有无穷智慧。

鞋履变迁——一步一世界

走进鞋文化博物馆，仿佛穿越了一部人类鞋履的编年史。从石器时代的兽皮裹脚，到现代精美绝伦的工艺鞋，每一步都承载着人类文明的发展和进步。

在博物馆的历史展区，可以看到各个时期的鞋履珍品。远古时期的裹足皮，简单而实用，透露出古人智慧的火花。秦汉时期的玉履，到魏晋南北朝的谢公屐、唐代的翘头履、宋画中的鞋靴，再到近现代的工艺鞋，一双双鞋履仿佛从历史长河中款款而来，向我们诉说着一段段鲜为人知的历史故事，让人不禁感叹中国悠久且璀璨的鞋文化历史和人类文明的智慧与力量。

在不同的人生阶段、不同的交际场所，人们所穿的鞋也不尽相同，鞋的选择蕴含着深厚的民俗文化根基。如孩童时期穿的虎头鞋，民间相信这些动物鞋能护佑新生命健康成长，辟邪求吉；新婚时穿的绣花鞋，精致的“龙凤呈祥”花纹和鲜艳的色彩，寄托了人们对新人的美好祝福；还有祝寿鞋，等等。透过这些鞋履，可以了解到当时的社会风貌和人们的生活方式。此刻，知识不再是停留在纸上的文字，它变成了一双双鞋履、一段段故事，鲜活起来。

一路向前，最吸引青少年的当属少数民族展区了。依托中央民族大学资源，这里陈列了极具少数民族特色的近 100 双鞋履。蒙古族的索海靴、土族的七彩鞡鞋、水族的马尾绣鞋、羌族的云云鞋、哈萨克族的毡靴等让人目不暇接。近年来逐渐被

大众关注的“特少民族”赫哲族有首歌谣：“当你穿上这鱼皮做的鞋子蹚过溪流或踏雪时，就像走在平地上一样，它挡住了寒气和潮湿。”里面提到的鱼皮鞋——鱼皮靰鞡也陈列其中。鱼皮靰鞡的制作工艺极其复杂，制成后的鱼皮靰鞡轻便、防滑还保暖，让人不得不佩服赫哲族人的手艺和智慧。

科技创新——小鞋履大智慧

来到鞋科技展览馆，入口处可以看到传统制鞋工具，不同时代的缝纫机和工具见证着温州鞋业从最初的家庭作坊到现代化的生产车间。一转身，随处可见的可视化电子屏和设备，把我们从过去一下子带到了现在和未来。从传统的制鞋工艺到先进的科技应用，温州鞋业一直在不断创新和发展。

这里有 AI 实验室、CNAS 检测室、鞋科技实验室和博士后工作站。满墙的专利证书和版权证书代表着鞋履设计的“含金量”。博物馆还把设计师的办公室搬到了展区内，参观的时候还可以跟设计师进行互动交流。

AI 实验室最受青少年青睐，孩子们可以在这里放飞无限的想象力。孩子们的画作可以借助 AI 技术变成鞋履上的图样，AI 会优化图案的各个细节。另外，AI 时尚设计平台“Vali”可以为设计师提供各种图样素材、模板和款式，帮助设计师高效、高质量地完成设计。

科技改变生活，在科技的“加持”下，如今的鞋履设计不仅质量好，且符合人体工学，每款鞋子主打的性能不尽相同，每年推陈出新，一扫温州鞋曾经带来的刻板印象，逐渐获得市场的认可和赞誉，远销海内外。

研学活动——鞋文化乐趣多

除参观外，鞋文化博物馆的研学活动也丰富多彩。孩子们可以在这里给鞋履们画个“肖像画”，在博物馆入口处就悬挂着许多孩子们的写生作品；可以感受和触摸不同的皮革，了解一张皮革的诞生过程，再进行皮具制作，做成一只鞋子形状的小挂件；还可以用鞋带编织手绳和通过立体拼图制作一只蜻蜓等。

“你们知道皮具制作需要哪些流程吗？”在研学课堂上，老师带领大家了解制鞋的工序，从裁剪、打磨、打孔、上蜡到缝合安装，每一步都需要孩子们聚精会神地投入其中，最后亲手实践，做出一个属于自己的皮具钥匙扣，收获满满的成就感。课堂上还会评选出“最佳小工匠”，让这趟“科普旅程”更有意义。

类似这样的互动体验活动还有很多，博物馆还设置了亲子课堂，鼓励父母和孩子们一起进行亲子手工制作，在父母的陪伴下，增强孩子的耐心与专注。此外，博物馆还举办鞋文化讲座、演出、展览、比赛等活动，让青少年更加深入地了解鞋履文化的魅力和内涵。

鞋文化博物馆不仅是一座充满文化底蕴的博物馆，更是一座连接过去与未来的桥梁。在这里，我们不仅可以了解到鞋履变迁和发展历程，还可以感受到温州作为“中国鞋都”的独特魅力。妙趣横生的讲解、形式多样的互动体验，都会成为青少年们一次难忘的探秘之旅。

基地小名片

温州市红蜻蜓鞋文化博物馆位于温州市永嘉县双塔路3号，是浙江省科普教育基地。博物馆于2005年由红蜻蜓集团独资建立，其中鞋文化历史馆、品牌文化馆、鞋科技展览馆和东方新履馆，将古今中外的鞋藏品、鞋文化与鞋设计、制作、材料、工艺等科技发展历程相结合，向公众展示独特的中华鞋文化与科技知识。目前博物馆推出写生绘画、匠心皮具、AI智趣实验室等多项科普实践研学课程，供不同年龄段的学生选择与体验。

第五章

未来视界

科技创新的前沿探索

温州新质生产力展示馆
——“藏”在AAA级景区里的“新”馆

三面被黄石山环抱，群峰叠翠；一面永强塘河擦身而过，波光粼粼……这次介绍的温州新质生产力展示馆，就“藏”在这样一个清幽雅致的AAA级景区里。

展示馆位于龙湾中国眼谷小镇，是一个以展示新质生产力为主题的场馆。也许你会对“新质生产力”这个词感到陌生，其实这一概念是由习近平总书记2023年9月在黑龙江考察调研期间首次提出的。新质生产力以新产业、新业态和新模式快速涌

现为重要特征，它的出现和发展壮大是推动人类文明进步的根本动力。如果你还是似懂非懂，不急，那就带上问题、开动脑筋，一边观展一边思考，在科普研学中寻找答案。

你穿着的鞋很可能就是“温州制造”

进入展示馆之前，你会在馆前空地上看到一个大大的宣传标牌：“在温州，看见创新中国”。跟标牌打卡拍照，是不少参观者的“固定动作”。如果你也喜欢拍照留念，不妨就从这里开启这趟创新观光学习之旅吧！

新质生产力展示馆由序厅、主厅、尾厅三大板块组成，其中的序厅是“看电影”。这部“电影”是讲述我们身边的人、事、物及温州未来发展的“电影”，名字就叫《在温州，看见创新中国》。小朋友们，请一边看一边回想，你的家人、亲戚、邻居中，是不是就有人在做生意、办工厂？温州现有市场主体已经突破 145 万户，也就是说每 6 个温州人中就有 1 个“老板”。

通过几十年的奋斗努力，温州形成了电气、泵阀、鞋业、服装、汽车零部件等五大特色优势产业。看完下面这组数据，你会对温州传统产业有一个更直观、更清晰的认识：全球每 12 双鞋中，就有一双鞋来自温州；全国 90% 的高端定制西服来自温州；温州低压电气产品产值占全国市场份额 65% 以上……这意味着，你现在穿着的衣服、鞋子，家里用的开关，爸爸车里的方向盘，也许都是“温州制造”哦！让人期待的是，温州的这些传统产业正通过 AI 赋能和先进柔性制造，争取实现创新发展的华丽蜕变。

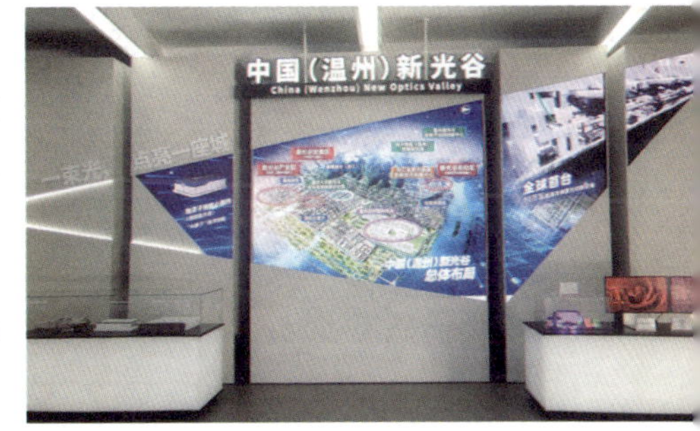

看过了“昨天”与“今天”，温州的“明天”又会发展哪些产业呢？《在温州，看见创新中国》同时介绍了温州新兴产业崛起、未来产业布局、创新生态优化等内容。这也引导着我们正式进入主厅继续参观学习。

“一港五谷”会做出什么样的“菜”？

主厅的关键词是“一港五谷”。如果你喜欢读报、看新闻，相信你一定听到、看到过这个关键词。“一港五谷”指的是中国（温州）数安港、中国基因药谷、中国（温州）新光谷、中国眼谷、国际云软件谷、中国（温州）智能谷这六大平台。简单点理解，这些平台是温州精心布局的战略性新兴产业高地，如同六颗璀璨的明珠镶嵌在温州的发展蓝图上，共同照亮温州产业升级的新征程。如果你还是觉得

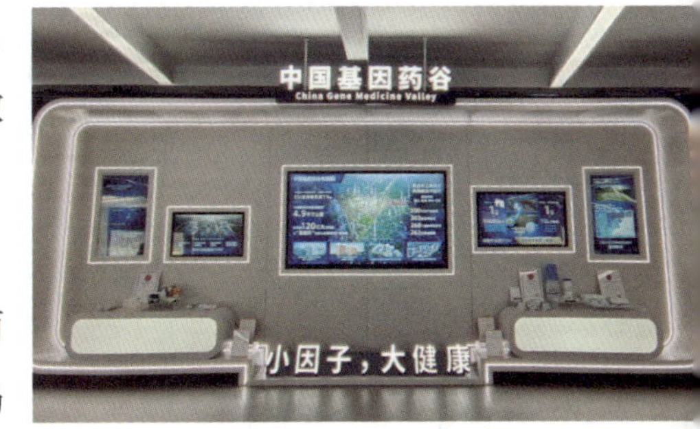

它们太“高大上”，那不妨这样想象：妈妈在厨房里需要用到

锅碗瓢盆、柴米油盐来烹饪各种美味佳肴，温州的经济发展也需要“一港五谷”这样的高端平台，来孵化新技术、培育新产业、吸引新人才。“一港五谷”会做出什么样的“菜”？值得我们共同期待！

一张 A4 纸大小的铁片上可以打印一部完整的《红楼梦》，约 100 万字；一个数码验光仪仅需 7 秒，就可以完成全自动近

视验光；通过一个屏幕就可以实现 3D 白内障手术，戴上眼镜你也能看到做手术的医生视角……“一港五谷”的科技创新，可不是停留在想象层面，它们已经直接投入运用，来到了我们生活里。每个平台都设有不同的展厅与体验区，如果你感兴趣，可以逐个体验，感受“黑科技”的创新魅力。

脑病眼治？“光闪闪”竟然可以治失眠

来到展示馆的尾厅，“小小科学家”们可以零距离接触温州市重点企业（平台）推出的各种优质科技产品。在这里，一块六角屏幕以“裸眼 3D”形式，展示温州企业科技好产品为大

国重器智造赋能的画面，让人忍不住想要伸手触摸。

展厅里的一款“黑科技”眼镜吸引了一众小伙伴的注意力，旁边的指示牌上写着“全球首个实现‘脑病眼治’的 40Hz 闪光助眠仪”。每个人都需要睡眠来保持充沛的精力，如果失眠，那第二天就有可能精力减退、注意力不集中。但不是每个人都能安然入睡，全世界约有 15 亿人被不同程度的失眠困扰。温州瓯江实验室的陈江帆教授团队率先发明了这款 40 赫兹闪光助眠仪，通过闪光产生的神经化学反应来治疗失眠，实现“脑病眼治”，成为全球首款基于腺苷机制的非侵入性高科技助眠产品。

尾厅还设置了令人惊叹的新能源展示区，里面实景展现温州新能源产业空间分布和头部企业金风科技、远景科技的漂浮式海上风力发电应用场景。去过沙滩游玩的小朋友都知道，海边没有建筑物遮挡，一般风都比较大，其实这种风可以用来发电，而且整个过程绿色无污染。2024 年，金风科

技在温州市海经区成功下线 16 兆瓦海上风力发电机组，揭开温州海上风电发展的新篇章。让我们感到骄傲的是，这是全球范围内已投运的最大海上风力发电机组，每年可以输送 6600 万千瓦时的清洁电能，满足 3.6 万户家庭年用电量。

逛完展示馆的小朋友，别急着回家，展馆所在的中国眼谷还打造了小镇客厅、眼谷之瞳、眼健康生态展示馆、眼视光探索馆、清目桥等一系列项目。在小镇里，你可以一站式完成文旅 + 研学的多重体验，相信一定会收获满满、尽兴而归。

基地小名片

温州新质生产力展示馆位于温州市龙湾区永中街道罗东北街 100 号中国眼谷，是浙江省新质生产力科普体验馆，是以展示新质生产力为主题的科普场馆，也是创新链产业链融合的引领性展示窗口，充分展现了温州奋力“续写创新史”的发展历程，以及科技创新领域的标志性成果。展示馆建筑面积 724 平方米，由序厅、主厅、尾厅三大板块组成，让市民可以近距离接触最新科技成果，促进科技与生活的深度融合，进一步增强公众对科技创新的理解和支持。

中国·温州数智创新赋能中心
——数字未来之城的“密钥”就藏在这里

你想象过未来的数字城市是什么样的吗？是城市交通不再拥堵、路上是无人智能驾驶汽车，还是各种功能的智能机器人无处不在？当前，一场关于数字化的发展浪潮与机遇正奔涌而来，数字未来之城拥有无限可能。那么，数字城市是什么样子？人工智能、大数据技术在城市运行中怎样改变着我们的生活？未来的城市又会有怎样的变化？这些问题的“密钥”都藏在中国·温州数智创新赋能中心。

中国·温州数智创新赋能中心是温州电信在温州市智慧城市体验馆的基础上升级打造的，于 2024 年 10 月正式开放。如此“年轻”的中心是做什么的呢？据介绍，中心有四大功能和目标，即赋能企业数字化、产学研实训实战、技术创新与交流、宣传和打造温州品牌。

中国·温州数智创新赋能中心展厅的设计简明、大气、实用，充满了科技感。结合高科技展示手段和多媒体展示效果，多角度、多层次、多方位展示中国电信在5G、云计算、物联网、人工智能等领域的创新成果，以及其对未来通信世界的美好愿景，生动、直观地呈现给每一位参观者。

数字治理让生活更美好　数字智能让产业更先进

生活美不美好，重点在城市治理是否精细。怎样才能让城市治理更聪明一些、更智慧一些？答案就是推动城市治理数字化。在中心展厅的“数治新篇章”单元，我们看到了温州是如何通过数字化手段，让城市更加聪明、让产业更先进的。

中国·温州数智创新赋能中心工作人员介绍了一位很厉害的“AI医生”——温州医学影像云智脑平台。之前，患者做完冠状动脉CT增强扫描后要等待25至40分钟，有了这位“AI医生”以后，只需要等待5分钟就能拿到检查报告。温州医学影像云智脑平台能够进行图像处理、病变分析、形成结构化报告、打印胶片等流程，这些流程在5至10分钟内就能全部自动完成，不仅解放了影像医生的双手，也节约了病患的时间。这是温州

率全国之先打造基于人工智能的市级医学影像智脑平台。

除了“AI 医生”，这里还有一位“AI 消防员”，它叫消防秒响应平台。这位“AI 消防员”有个超级大脑，储存了温州的城市数字地图，还有公安、应急、消防、气象等各个消防相关部门，政府、单位和社会等多种应急处置力量的“联系方式”。一旦发生火情，它能快速报警，立即智能调度就近应急力量，并且自动派警并生成交通线路，还能实时进行辅助指挥和远程指挥，保障人民的生命财产安全。

除此之外，我们还能在这里看到提升城市治理效率和智慧城市建设的温州一网统管系统，帮助企业快速了解并享受各项惠企政策的惠企政策直通车；为政府决策、社会治理、民生服务等领域提供有力支持的温州市公共数据平台，为教育、信用、社会治理等领域提供决策支持和服务。

数字化不仅让我们的生活更美好，还能让企业管理和生产更便捷、更先进。中国·温州数智创新赋能中心展示了企业智能

化生产是如何在计划调度、生产执行、质量管控、物流配送和设备运维等过程中发挥作用的。

比如企业管理系统通过智能终端和移动办公软件，帮助企业实现管理人、财、物、事、产、供、销、存等全链路的数字化，让企业综合管理效率提升 150%，数据统计效率提升 200%。天翼智慧工厂聚焦工厂在生产计划排程、生产管理、质量管理、设备管理及供应链场景的数字化，为汽车零部件、五金金属、装备制造、电子组装行业提供数字化转型升级服务。智慧仓储基于 5G、Al、数字孪生等新技术，降低仓储环节人的参与度，促进仓储各个环节产品流和信息流的流畅运转。

数字基建让进步更扎实　数字创新让未来更无限

数字化进程还在大步往前走。中心工作人员说，围绕新算力、新连接、新模式的数字化基建正如火如荼地进行中。如打造云智一体系统赋能企业智能制造，构建空天地一体网络赋能工业数字化转型，提供全场景、轻量化数智化解决方案，助力工业企业高效、低成本实现数字化转型。

其中比较引人注目的，是工业 PON 智慧园区建设。工业 PON（Passive Optical Network，无源光网络 ）是一种基于光纤传输技术的被动式光纤接入网络，具有高带宽、低成本、高可靠性的特点，被广泛应用于工业领域。工业 PON 智慧园区是产业转型升级的重要方向。通过引入物联网、大数据、云计算，借助温州电信5G+工业PON网络平台，智慧园区可以实现园区管理、生产、服务等环节的智能化，不仅提升了产业竞争力，还推动了产业向高端化、智能化发展。

而温州电信的工业PON还有自己的优势。它拥有高带宽、低延迟、易于扩展和低成本的特点，能为园区内各种应用提供高效、可靠的数据传输通道，减少能源消耗和维护成本，同时支持多种业务承载，包括数据、语音、视频等，实现了园区内网络资源的统一管理和优化。

还有值得一提的是视联网。视联网采用电信定制的摄像头硬件，为用户提供安防与看护类产品。用户可通过随时随地查看现场及云端存储的历史录像，社会监控纳管汇聚，实现手机看店、明厨亮灶、平安校园、保险早课监督、智慧工地、智慧交通、雪亮工程等场景应用。

中国·温州数智创新赋能中心还展示了数字化的未来发展趋势——虚拟工厂。未来，虚拟工厂将成为推动制造业转型升级的重要力量，利用虚拟现实（VR）和增强现实（AR）技术实现虚拟工厂与现实工厂的交互，使管理者能够身临其境地查看新质生产力的实景，物联网、大数据、人工智能等先进技术将进一步融合，实现更加高效、智能和灵活的生产方式。

基地小名片

中国·温州数智创新赋能中心位于温州市鹿城区市府路 517 号，是浙江省科普教育基地。中心是由温州电信在温州市智慧城市体验馆基础上升级打造的，设置序（形象）、数治新篇章、数智新动能、数字新基建、探索新无界五个板块，集科技、艺术、互动体验于一体，围绕数据要素主线，聚焦赋能企业数字化转型、技术创新与交流，产学研实训实战。中心通过互动体验和艺术展示，围绕 5G、人工智能等信息技术设计科普活动，展现公共智赋、开放融赋、保障支持等领域的先进技术，勾勒未来智慧城市和智慧工厂的蓝图。

温州药谷生长因子科普中心
——壁虎断尾能再生，原来是因为小小因子

生长因子科技之窗科普馆，一听名字就觉得这是个“高大上”的科普馆。没错，你的第一印象非常准确，这个馆由生长因子药物专家、中国工程院院士、温州医科大学校长李校堃院士团队指导建设，是全国首个以生长因子为主题的科普馆。展馆以白色为主色调，从细胞形状中提取设计元素，整体就像一个高科技的实验室，让观者沉浸式参观体验。

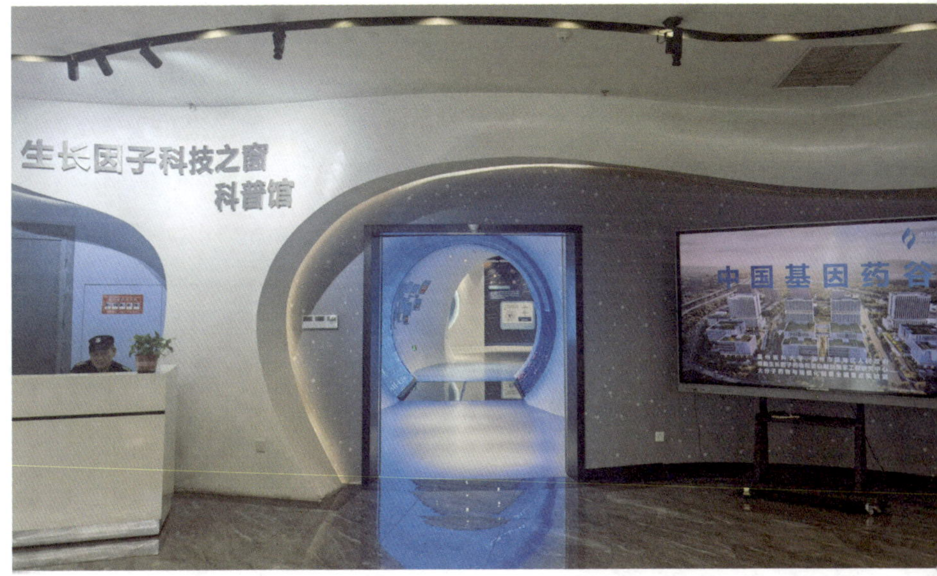

爱动脑的你肯定要发问了，生长因子究竟是什么？我们先来设想这样的场景：如果你的手不小心被刀片划开了一个口子，一两个礼拜后，伤口就能自动愈合，手上的皮肤也能恢复如初。其实，这就是生长因子在发挥作用。

真奇妙！一条壁虎断尾引发的思考

生长因子是一种蛋白质，人体内大概有100多种生长因子，它们分布在各个组织器官当中，跟组织再生和内分泌调节息息相关。虽然我们不能用肉眼看到，但在这个科普馆里却可以真实地感受到它的有形存在与神奇妙用。科普馆里展品丰富多彩，故事引人入胜，从生长因子被科学家发现到国内首次研发，从提取方式重大突破到李校堃院士团队潜心研发出世界上首款生长因子药物，这些“小内幕”，专业讲解员都会向你一一道来。

我们这次的“云”逛展，要从一条小尾巴说起。壁虎的尾巴被夹断后，用不了多久就会重新长出一条几乎一模一样的新尾巴，你知道是为什么吗？原来，这跟生长因子有关！壁虎的尾巴断掉后，它的体内会分泌出大量的生长因子与其他营养物

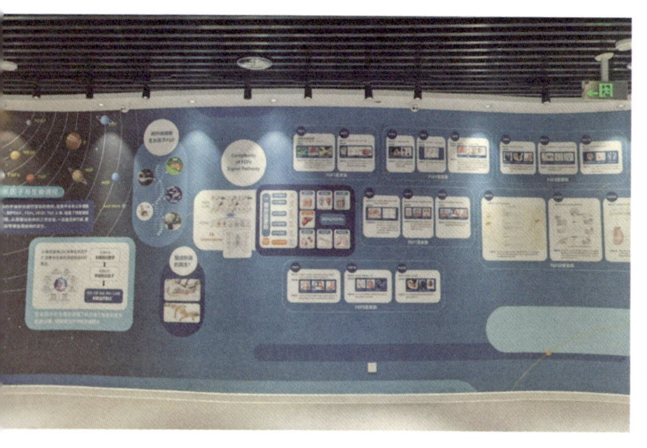

质，来促进细胞快速生长。我们人类的身体里同样“藏”着这种细胞因子，能治疗溃疡和加速损伤组织再生，让损伤的皮肤得以较完美地修复。但是生长因子用肉眼看不见、用双手摸不着，要怎么提取，又怎么用来制药去造福人类呢？为了破解这些奥秘，李校堃院士和他的团队成员已经钻研了30多年，温州医科大学也由此取得了国际领先的生长因子研究成果。科普馆里的追本溯源厅，以两条时间轴为引，详细介绍了生长因子药物在世界上的发展史和李校堃院士团队的科研经历，相信一定会引发你对医学领域一点小小的思考。

还不认识李校堃院士的小朋友，认真逛馆，不仅会让你对这位刻苦钻研的专家学者有一个比较全面的认识，还会让你对这位温州首个“本土院士”产生敬佩之情。为什么说是“本土院士”？因为李院士出生在陕西，在东北读完大学后，一路向南前往广州求学、工作，后来又机缘巧合来到温州工作，一直到现在。这里预留一个小问题，李院士是哪一年来温州的呢？

请大家在科普馆里寻找答案吧!

真勇敢！一辆旧自行车展开的故事

“叮铃铃……”展厅里摆放着一辆与环境格格不入的老旧自行车，扭动铃铛还会发出清脆的响声。可别以为是工作人员“闹乌龙”了，这背后其实有一段感人的故事。30 多年前，李院士还在学校里读书，有一天他从图书馆学习完打算骑车回宿舍，经过一处工地水沟时不小心摔倒，沟里锋利的石头让他“破了相”——半边脸上有多处挫伤和穿透伤。这时候，他突然萌生了一个大胆的想法，将原本送去用作动物实验的几瓶生长因子原液用在了自己脸上。这次“以身试药”的经历，让李院士的脸完美恢复，也更加坚定了他揭开生长因子“面纱”、研制新药的决心。

类似这样的故事还有不少，生长因子科普馆的春华秋实厅通过多媒体视频、实物展示等多种方式，回顾了李院士通过重重困难最终研发出世界上第一个生长因子药物的艰辛历程。边逛馆边思考，相信你一定可以深刻体会到老一辈科学家直面困

难、坚持不懈、求是创新的精神和家国情怀。

在馆里，你还能学习到提炼生长因子的相关知识。科学家介绍，生长因子是促进微血管生成的重要因子，对细胞的有丝分裂、迁移作用有明显的促进作用，同时还能促进细胞的分化和组织的修复。生长因子虽然妙用多多，但是提炼它可是个不折不扣的大工程：提炼过程包括细胞培养、细胞发酵、原液纯化、制剂、检验等环节，如果不通过基因技术，1 万头牛的脑垂体才能提炼出 1 克的生长因子。

真厉害！一个生长因子撬动的产业

如果说在展馆其他展厅看到的是生长因子的“昨天”，那么在天道酬勤厅、明日辉煌厅就能看到这项科研的“今天与明天”。这里展示了李院士团队在生长因子成药方面突破的关键理论和核心技术，培养的各类人才及所做的公益事业。有意思的是，你还可以通过 VR 设备体验生长因子药物的实验、生产过程等。

潜心科研不忘初心，拼搏多年终结硕果。李院士团队已经把生长因子做成了药物，用于创伤、烧烫伤和糖尿病等难愈性溃疡的治疗，应用到全国7500多家医院，受益患者超过1亿人。展厅还向大家展示了李院士团队获得的各种国家级奖项，每个参观者看完都会情不自禁竖起大拇指。这里还要分享一个好消息：2024年6月，李校堃院士领衔完成的“生长因子FGFs调控糖脂代谢新功能与新机制”获国家自然科学奖二等奖。业内人士预测，这项研究成果一旦成药，将为全球近10亿糖尿病和高血脂患者带去福音。

小小的生长因子，撬动的产业与发展还不止于此。2024年11月举行的世界青年科学家峰会大健康论坛宣布，温州正式启动建设“生长因子之城”。这标志着温州将以“小因子”推动大健康产业发展，依托科技引领走出一条新质生产力发展之路。参观完生长因子科普馆，如果你也对医学、对生长因子产生了浓厚的兴趣，那就心动不如行动，从现在起用心读书，将来或许就能加入治病救人、科研创新的神圣“白大褂”团队中了！

基地小名片

温州药谷生长因子科普中心位于温州市瓯海区学府北路中国基因药谷启动区 A 幢 2 楼，是温州市科普教育基地，于 2020 年 10 月建成开馆，是全国首个以生长因子为主题的科普馆。科普馆占地面积约 800 平方米，内设追本溯源篇、春华秋实篇、继往开来篇、天道酬勤篇、明日辉煌篇五个基本篇章，以时间为导向，介绍了生长因子药物在世界上的发展史及李校堃院士团队的科研经历，全面展示生长因子与人体的关系、理论基础及未来发展的趋势。

龙湾伟明环保能源科普教育基地
——垃圾去哪了？一起踏上奇妙发电之旅

破损的塑料袋、用过的脏纸巾、啃完的肉骨头……这些生活垃圾，你知道它们最终都去哪了吗？在温州，有一家“黑科技”公司可以让这些生活垃圾“浴火重生”——焚烧垃圾进行发电，还可以让废水、废渣、废气、废灰变废为宝，真正实现垃圾的绿色、低碳、智能和可持续循环利用。

龙湾伟明环保能源科普教育基地就建在这座垃圾焚烧发电厂里，这里还是浙江省重点环保科普教育基地、浙江省生态文明教育基地、浙江省新质生产力科普体验馆，让我们一起进厂开启奇妙的垃圾发电之旅吧！

金属“大爪”一次就能抓起 8 吨垃圾

浙江伟明环保股份有限公司是全国首家通过 IPO 上市的垃圾焚烧处理企业，开创了以国产化设备开展生活垃圾处理业务的先河。一到达伟明公司永强垃圾发电厂门口，爱观察的你肯定会发现一个与其他工厂不同的细节：大门口有两条长长的、缓缓抬高的上坡路直连厂房，道路上方还加盖了“保护罩”。这些路是做什么用的呢？

进入展厅，工作人员借助全景沙盘，结合图文、视频为我们逐一揭秘。原来，这两条上坡路叫作“引桥”，垃圾运输车通过引桥可以直接来到厂区内部的卸料大厅，轻松一倒就能将车上装着的垃圾全部倒入垃圾坑里。为了让小伙伴们看得更直观、更清晰，伟明公司在垃圾坑一侧设置了双层玻璃参观平台，看着五六层楼高的巨大垃圾坑、堆积如山的垃圾就在眼前，你一定会发出“没想到生活垃圾有这么多”的感叹。这个“巨坑”，最多时可以容纳 2 万吨垃圾呢！

“入坑”的垃圾，要在里面发酵 5—7 天，才会被抓进焚烧炉进行燃烧。为什么要用“抓”来形容？因为抓取垃圾的设备，像极了游乐园中抓娃娃机里的抓手，不同的是，这些金属抓手体型庞大，一爪就能抓起近 8 吨重的垃圾。要是你对这个数字没有概念，不如这样来换算吧，如果中小学生的书包 1 个重 5 千克，这样的抓手一爪就能抓起 1600 个书包来。

让人好奇的是，我们隔着玻璃站在垃圾坑旁边，却闻不到任何臭味。工作人员告诉我们，这是因为他们利用管道和风机等设备，将垃圾坑内的空气抽出从而形成负压强环境，臭味与有害气体自然就没办法“逃”出来了。

烧垃圾每年可以发电 3 亿度

发酵完的垃圾，将迎来焚烧的“宿命”。垃圾被金属抓手抓起，慢慢送到大型“进料斗”里，再被推进 1000 摄氏度左右的焚烧炉进行燃烧。焚烧炉的温度过高，我们没办法近距离观察，但是可以通过中央控制室来远程“盯梢”。

中央控制室位于科普教育基地的三楼，相当于整个厂区的“智慧大脑”。燃烧现场监控、烟气实时指标、发电机实时发电量等画面、信息、数据全部显示在一个大屏幕上，工作人员看一眼就能知晓全流程的实时状况，实现对垃圾焚烧发电的智能化、信息化管理。大屏最左侧显示的是垃圾焚烧的实况画面，垃圾经过干燥、燃烧和燃烬三个阶段，长达 1 个小时的“考验”后，释放出了发电的“主力军”——热能。焚烧炉的上方连接着余热锅炉，燃烧产生的热量将锅炉里的水加热成水蒸气，再转化为动能推动涡轮发电机发电。如此一来，原本毫无用处的垃圾华丽变身成了电能，通过电网输送到各地，以另一种形态被我们再次使用。

涡轮发电机旁边同样设有玻璃观景台，如果你在这台硕大的机器旁倾听，就会听到发电机工作的声音，也能感受到轻微

的震动感。机器一动，就说明又有电生成了！永强垃圾发电厂共有六个焚烧炉、三台发电机，每年可以处理64万多吨生活垃圾、发电近3亿度，与此同时还可以节约近10万吨标准煤、减少排放33万吨二氧化碳。

人行道竟然是垃圾炉渣砖铺设的

可不要以为，垃圾焚烧完就完全消失了，它还有不到10%的残留，经过技术人员的不懈努力与克难攻坚，这些残留也能发挥出意想不到的妙用。

首先在发酵阶段，垃圾坑底部会收集到很多又黑又脏的污水（渗沥液），经过厂区配备的污水处理站集中处理后，污水会变成干净清洁的水，回流到生产线上作为冷却水使用。焚烧之后剩余的炉渣，收集到渣坑中运出，竟然可以制作成建筑砖块，当作市政道路的铺路砖来使用。研究分析发现，与普通的建筑材料相比，炉渣做成的铺路砖强度更高、性能更好、渗水性更强，可以广泛应用于广场、停车场、人行道、城市道路等公共场所。小伙伴们不妨观察下家门口的道路、公园里的人行道，或许正是由“炉渣砖”铺起来的。

燃烧垃圾中产生的烟和灰，也是大家关注的重点。发电厂运用专业的除烟、除尘设备，对它们进行科学有效的处理，让烟、灰的排放标准达到甚至高于国家标准、欧美标准，真正做到不再污染我们的蔚蓝星球。为了方便大家观察与记录，科普教育基地还将这些残留物的净化再生过程逐步展示罗列出来，让大家看得清清楚楚、明明白白。

得益于精湛的垃圾处理技术，永强发电项目在2019年正式取得“国家AAA级生活垃圾焚烧厂”称号，这可是我国目前生活垃圾焚烧厂无害化等级评定中的最高等级！来这里探寻垃圾发电之旅，不仅可以让你与最高级垃圾焚烧厂亲密接触，还能让你揭开垃圾变废为宝的秘密，一站式体验垃圾减量化、无害化、资源化的神奇妙用。

基地小名片

温州龙湾伟明环保能源科普教育基地位于温州市龙湾区永中街道度山村展新路999号，是温州市科普教育基地、浙江省重点环保科普教育基地、浙江省新质生产力科普体验馆。该基地于2018年建成，率同行之先创新打造高科技、多维度、一体化的环保教育展示基地，内有全息沙盘模型、玻璃观景平台、设备制造展厅等，结合声光电表现形式向公众展示垃圾焚烧变为电能和废水、炉渣资源综合利用的全套工艺流程，让整个垃圾发电之旅更加透明地呈现在公众面前，真正将环保理念与社会实践、科普教育融为一体。

龙港市高分子材料研究院
——从“实验室”到“大市场”，看这个研究院的“科技与狠活”

高分子材料的运用，在现实生活中随处可见，比如塑料袋等塑料制品，纺织品，医疗领域的人工骨骼、隐形眼镜等，各类电子元器件以及防水、隔热建筑材料等等，在航空航天、汽车工业和电子信息等领域也得到了广泛运用。高分子材料由原子粒形成。原子粒是如何通过不同合成方式生成稳定且具特性的高分子材料的呢？让我们走进龙港市高分子材料研究院，一起看看微观的高分子世界。

无处不在的高分子材料

什么是高分子材料？龙港市高分子材料研究院就特别设置了高分子科普区域“看见”，让大家深入认识高分子。高分子与小分子是一个相对概念。高分子分子量大于 1 万，是通过重复单元和共价键合成的聚合物。生活中常见的高分子有人体的蛋白质、DNA 与植物棉花等天然高分子，也有塑料、胶黏剂等合成高分子。

自第一种合成高分子——赛璐珞诞生以来，从被发掘性能优异，到高分子工业发展，再到科学理论成熟，它经历了漫长的学科衍化。在如今绿色低碳和新质生产力发展的大背景下，高分子材料的高性能、低成本、易改性、易加工性也为其进一步应用发展提供了基础。

龙港市高分子材料研究院最显眼的，是一套航天服。展厅工作人员说，航天服就是由多层不同的高分子材料组成，且每一种材料都扮演着不同的角色。比如最外层的外罩防护层，由 5 至 7 层涂铝的聚酯薄膜构成，主要功能为防火、防热辐射和防宇宙空间微流星、宇宙线等，以防宇航员身体受到危害。

在航空领域，龙港市高分子材料研究院也有新动态。目前，研究院与上海一家公司合作研发的一种 VIP 膜，就是用于空间站产品的运输包装材料。

碰撞融合而成的研究院

合成高分子材料是一个碰撞到融合的过程，龙港市高分子材料研究院的诞生、发展也是各方力量微妙的“碰撞－融合”的故事演绎。

龙港现有产业小而专，不具备每家企业都储备一支自己的研发团队的条件，同时龙港地理位置对人才吸引力较弱，但龙港产业链急需提升，企业家们转型诉求强烈，民间资金充足却不知投资什么。机遇很快来临。在 2019 年世界青年科学家峰会上，金田高新材料股份有限公司的负责人结识了高分子领域方面的人才。2021 年，双方共同合作，成立了龙港市高分子材料研究院。

龙港市高分子材料研究院下设新材料研发中心、技术支持

中心、产学研中心、科普中心四大中心。研发中心主要从事功能薄膜、改性母料、涂布等功能高分子的研究。技术中心主要承接国内外项目的监测分析、行业调查、市场分析。产学研中心负责专利挖掘、分析、申报工作，与各企业、高校交流项目挖掘。研究院人才济济，拥有全职工作人员 23 人，其中博士 5 位，硕士研究生 10 位，还邀请了多名专家、团队合作。

龙港市高分子材料研究院在自身建立的团队基础上，通过产学研用相结合的方式重点培养企业的自主研发能力，将工业的需求与学术的成果结合转化，同时为企业提供技术指导与培训服务。未来 3 到 10 年，研究院将对研发团队、科研项目、专利申请等实施量化管理，朝着服务国家和龙港市新材料企业的优秀赋能平台迈进。

高分子材料激发的新能量

龙港市高分子材料研究院成立至今，致力于在进口替代、产品转型升级、战略发展技术储备等方面取得先行突破，成立至今参与了宁德时代配套锂电池材料项目、热固性塑料项目、PVA 高阻隔涂布项目、竹丝水泥项目，等等。

研究院的展厅里展示着这些项目成果，以及研究院自主研发的转化应用。随着研发能力的提升，研究院在高分子材料自主研发上取得重大突破，尤其在薄膜方面的研发应用。展厅里这些看似普通的薄膜，表面密布纳米级的微孔，具备热封性、防潮性好和耐穿刺、强度高等优点，是绿色低碳材料的新风尚。

例如展厅里展示的一款名为BOPE的双向拉伸聚乙烯薄膜，由研究院自主研发，可运用于高强度、高功能的医用材料，环保可降解的农用材料，以及日化品、食品的各类包装。

展品中还有一款由金田高新材料股份有限公司研发的、高阻隔性的、仅有18毫米厚的BOPP薄膜。这款薄膜由厚度140微米的薄膜原材料压制而成，主要运用于咖啡包、茶叶包等一些需要有阻隔性能产品的包装。虽然厚度仅有18毫米，却能达到相当于铝箔的阻隔性能，极大地延长食品或药品的保鲜时间，且使用后能回收再次利用。这款薄膜目前是金田高新材料公司的“独门秘器”，全国仅此一家。

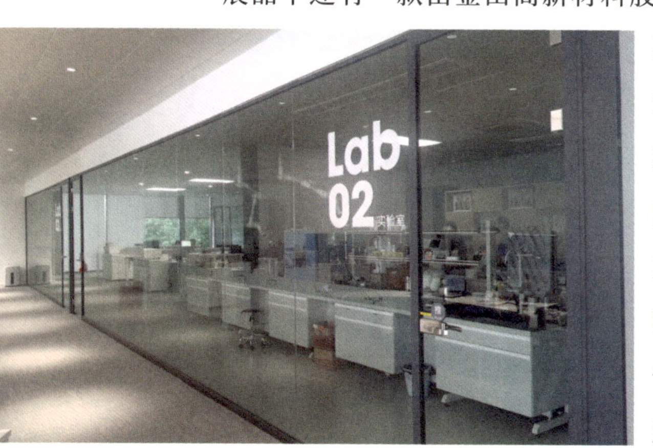

据介绍，在原料母料开发方面，珠光、全消光母料两大系列均已实现产业化，每年有5000到6000吨的产能，预计给公司带来7000到8000万产值，节约成本1000万以上，运用到生产产品中销售额可达5亿元以上。

目前，龙港市高分子材料研究院在高分子材料领域需要突破的还有很多，比如凭借其保护性好、绝缘等多种特定功能可广泛应用于电子、光伏等领域的高分子功能膜材料，绿色环保膜材料，主要应用于平板显示、电子电器中的扩散膜、反射膜、TAC 功能性光学薄膜材料……未来，龙港市高分子材料研究院将围绕新领域拓展、国产化突破、可持续发展、数字化四大方向进行。

基地小名片

浙江金田高分子材料研究院（暨龙港市高分子材料研究院）科普教育基地位于温州市龙港市龙金大道与海港路交叉口，是温州市科普教育基地。基地成立于 2021 年 8 月，由浙江龙港地区高分子材料制造企业发起，依托复旦大学、中国科技大学等高校在高分子材料学科的优势成立。科普教育基地通过展品陈设、多媒体互动等手段，科普高性能高分子膜材料相关的基础研究、应用技术及产业化开发等知识。

第六章

知行合一

科普研学的实践乐章

温州科技馆
——好玩 + 好奇心 = 长知识！

孩子们天性爱玩，在打打闹闹中分享喜悦、收获成长；学生们好奇心旺盛，驱动着他们去探索未知。如果让“好玩”与“好奇心”相加，或许就能得到“长知识”这个结果。

温州科技馆于 2023 年 11 月焕新开馆，是目前浙南闽北赣东地区最大的科普教育场馆。这个充满科学魔力的地方就像一座“科普航母”，让上面的运算公式成为现实：孩子们操作展品设备实现知识与实践的有机结合，在亲子互动体验中全方位感受科学的魅力。

你在水星上有多重？快来称一称

一进入大厅，三层楼高的大屏幕便映入你的眼帘，抬头就能看到梦幻的星空，仿佛来到了神秘莫测、无边无际的宇宙。

此刻，“凝望苍穹的浩瀚，徜徉在知识的海洋”这句话有了具象化的呈现。

位于科技馆三楼的“走进太空”是最受学生们欢迎的“网红”展区之一。如果你也有小小航空梦，不妨搭乘“火箭”（电梯）直奔三楼，踏进“太空”。太阳系被做成了八音盒，齿轮带动星球旋转，奏出美妙空灵的音乐；点击运行轨迹图上的八大行星按钮，头顶上方就会出现这颗行星，它们一闪一闪向你“打招呼”；在行星秤上称一称，可以知道自己在水星、火星、土星上分别有多重；走过展台，脚下的玻璃柜一格一格亮起，从无际苍穹坠落到地球的陨石向你述说太空的故事……“走进太空”展区让你遨游太阳系、银河系乃至整个宇宙，在感受壮丽与神秘的同时，学习天体的特点、运行规律等各种太空小知识。

同在三楼的“温州 zhi 造”展厅，会让你“闻”到浓浓的“温州味”。温州有着数不清的“第一”：全国第一张个体户营业执照、全国第一家股份合作信用社、全国第一个专业市场……温州人用敢为人先的精神和勤劳双手开辟了一条全球闻名的制造业之路。在这里，你可以探索发现生活中无处不在的温州制造产品和它们背后的科学奥妙，领略“温州 zhi 造”的从前、现在和未来。

细心观察的你，肯定发现了，从外面远远地看科技馆，有一个球状的屋顶，其实里面正是目前浙江省内最大、配置一流的数字球幕影院。这里通过 6 台激光投影机拼接融合，将 8K 画面投射到球幕上，内径达到 20 米，你可千万不要错过球幕影院里的每一帧精彩瞬间。

动动手，让白鹿衔花跑起来！

还记得课本上的数学、物理公式吗？可别惧怕这些抽象的符号与冰冷的数字，科技馆二楼打造成了中小学生的“第二课堂”和“大实验室”，它所展现的理科的浪漫严谨与极致运算，一定会让你回味无穷。

看！展区内一只巨大的白鹿正衔花而动，我们一起协作摇动装置，白鹿才能越跑越快。这只白鹿根据传说故事制作而成。

相传温州在筑城时，有白鹿口衔鲜花跃城而过，大家认为这是一种瑞兆，就口口相传一直到现在。趣味数学、力与机械、声光魅力、电磁奥秘 4 个分展区，以基础科学知识和基本科学原理为基础打造，相当于把课本知识活灵活现复刻在你面前，让你不再感觉学习是枯燥与烦闷的。

你对自己的身体了解多少？人类的大脑如何思考？体内的器官怎么运作？“生命与健康”展区从 DNA（脱氧核糖核酸）开始为你一点一点解析，带你探索生命的起源。对着镜像画星星、手动操作“隔离”被感染的机器人、跟小伙伴比一比谁的记忆力更好……展区内的互动游戏装置会帮你挖掘连你自己都不知道的隐藏能力。

接下来我们一起来到一楼的“探客空间”，这里基本上每个周末都会举行公益课程。这里提供动手综合实践课程、劳动技能课程、研学活动、教师培训、行业沙龙等多样化服务，让你在创新和科学分享中收获欢乐和成长。

三个滑梯有何不同？“顶流”给你答案

一楼北区欢声笑语不断的展区，就是儿童科学乐园——一个有 1700 平方米大，可以在嬉戏中探索科学奥秘的“课堂乐园”。展区内五彩斑斓的环境布置，让你感觉置身童话世界。中间的“水世界”其实暗藏着科学原理，当你把小球放在一个水柱上面，小球就会随着水柱时上时下，这是运用了伯努利效应：在理想条件下，流体在流动过程中，流速增加时，压力会降低；流速减小时，压力会增加。

展厅一侧，架着三个滑梯，看似差不多，实则大不同。原来，每个滑梯表面的光滑程度都是不同的，上去滑一滑，你就会知道不同表面的摩擦会对物体的运动产生不同的影响。儿童科学乐园充满地域性、趣味性、知识性，深受家长和小朋友们的喜爱，一开馆就成了“顶流”。

探索世界要从眼睛开始，“明眸皓齿”展厅关心的是我们眼睛和牙齿的健康。转动机关移动装置，小孔上的符号慢慢显现，代表着眼睛所能看见的世界逐渐清晰，我们就是这样看见万物的！场馆内还有一张巨大的嘴巴静待你前往，用牙刷与牙齿触碰感应，模拟刷牙行为，你就可以轻松掌握刷牙的正确姿势。“明眸皓齿”展厅 4 个分展区的名字各有特色，分别叫“原来如此”“难以想象”“各显其能”和“喜笑颜开”，在这种轻松有趣的氛围中学习保护视力和口腔卫生的知识，相信你一定可以做到“爱眼护齿，笑迎未来”。

“云”游科技馆只能领略其中的一部分特色与亮点，科技馆除了展出 420 多件（套）展品外，还会不定期举办不同主题的科普活动、展览等。“科普航母”到底有多“大”？唯有你亲临现场体验一番，方能知晓。

基地小名片

温州科技馆位于温州市鹿城区市府路481号(世纪广场东南侧)，建筑面积2.78万平方米，展示面积1.5万平方米，辐射人口达1500多万，是目前浙南闽北赣东地区最大的科普教育场馆，同时也是温州最大的公益性、综合性科普教育场馆。科技馆拥有“走近太空”“温州zhi造”“明眸皓齿”“儿童科学乐园”“探索与发现”“生命与健康”等六大主展区，“老馆记忆”“科技创新成果展示长廊”等特色展区，以及探客空间、球幕影院等教育活动区，展出420多件（套）展品，在规模和内容上都居全国同类馆前列，于2022年入选“十四五”时期第一批全国科普教育基地。

温州市学生实践学校
——“洋”到底，“土”到家！超酷的科普“嘉年华”

如果你有飞天梦，想登陆月球赴一场酷炫的科学考察之旅；

如果你有探险梦，想奔向户外来一次神秘的昆虫观察之行；

如果你有工艺梦，想沉心静气上一堂多彩的非遗技艺之课……

走进全国科普教育基地温州市学生实践学校，或许你就能梦想成真！这所学校以“‘洋’到底，‘土’到家”为办学特色，是目前为止浙江省内占地面积最大、设备设施一流的公办实践学校，共有 50 个学生实践功能室、20 个实践教育主题场馆，开

设了 200 多门课程。相约科普“嘉年华”，感受前沿科技与传统文化的激烈碰撞，你一定不能错过！

月球长啥样？“登”太空舱抢“鲜”探索

航天员杨利伟乘坐飞船进入太空，成为我国第一位“太空人”，不少青少年朋友也由此种下航天梦。如果你也怀揣着这个“洋气”的梦想，那不如来学生实践学校抢“鲜”体验一番。

在航空航天教育馆里，你可以“登”上太空舱，戴上 VR 眼镜，化身小小航天员，零距离感受从火箭发射升空到登陆月球探索的航天科学考察全过程。在创客教育中心，你可以上手“种植”智能盆栽，尝试编写无人机编程；在机器人体验中心，你可以把玩无人机，操控机械手臂……学生实践学校聚焦未来教育、创新教育，每一个前来实践的学生都能在这里感受前沿“黑科技”，开发提升智慧与想象力。

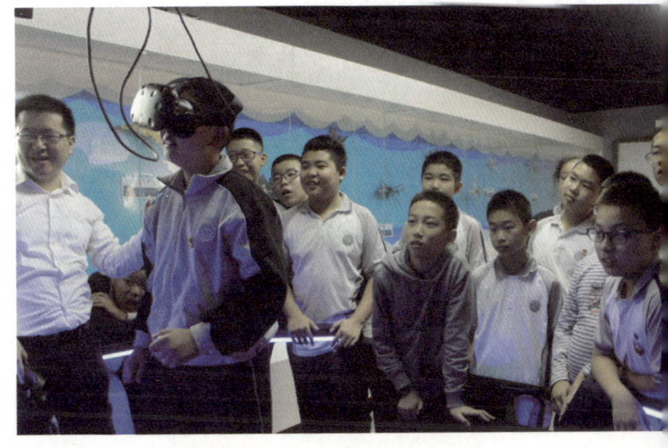

想要当“太空人”，热爱运动、强身健体必不可少。学生实践学校同步注重培养学生的健康体魄与安全责任意识，通过搭建庇护所、地震台风模拟体验、火灾通道逃生等安全教育课

程，提高每位学生在遭遇紧急状况时的应变能力和安全意识。当小屋开始猛烈摇晃，体验者纷纷跳起，各自跑到房屋角落三角形区域蹲下，等待“救援”……地震体验屋肯定会让你大呼“太真实、太刺激了”。除此以外，实践学校里的体育安防法治板块，还通过模拟法庭、飞碟打靶等素质体验课程，让大家在感受军事、国防和法律之重的同时，自主、能动地提升责任意识与爱国情怀。

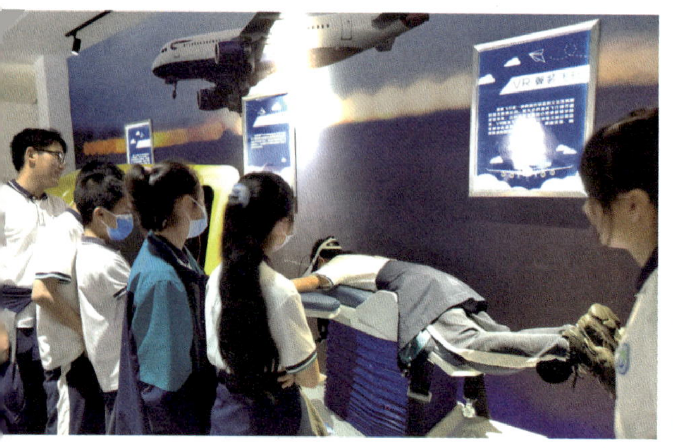

三楼速降到地面？放心，你也可以做到

学生实践学校里，不仅有各类“接天线”的科普体验，还有不少“接地气”的动手实践。学校利用瓯越乡土文化资源，邀请 10 多位国家、省、市级非遗大师入驻，开设了瓯窑、瓯绣、南戏、细纹刻纸、黄杨木雕等 20 多门非遗课程，手把手传授非遗技艺。在工艺文化馆里，细心观察展出的泰顺廊桥模型、苍南矾塑、洞头贝雕等各类珍贵工艺品，聆听“温州百工”的文化历史，相信你也会喜欢上这样的沉浸式体验。

大饱眼福后，还有更多手脚并用、身体力行的实践体验课在等你！在指导员的帮助下戴上安全护具，从第一个岩点起步向上攀爬，一举拿下岩顶后再从三层楼高的地方速降到地面……完成攀爬营的任务之后，你一定会跟小伙伴开心地击掌庆祝。钻进草丛，蹲在地上，用手挖开泥土，寻找藏在底下的昆虫，这些平时不起眼的小生灵此刻会变成你手里的“宝”，带你领略生物的多样奥秘……参加野外昆虫考察营，沉下心与大自然亲密接触，相信你会更加懂得尊重生命、爱护自然。四人一组，通力合作制作模拟微观温室房，控制温度达到适合果蔬生长的标准，再利用编程适时向果蔬浇水……制作模拟温室营可以让你在冬天吃到夏令水果，体会“科技改变生活”的神奇。

玩有所思、做有所获，在实践中陶冶情操，在互动中增长见识，这样的科普活动，肯定会让你乐不可支、流连忘返。

恐龙喜欢吃什么？来这里看实物

除了现有的特色场馆资源外，温州市学生实践学校还通过嫁接外部资源、承办系列赛事等方式，进一步打造多样化、生态化的科普育人环境。

恐龙已经灭绝许久，在电影里，我们能见到活灵活现的恐龙，但现实里却只能看到恐龙化石。不过，它们生活在地球上时喜欢吃的植物，现在却在实践学校里安了家。2024 年，浙江省亚热带植物研究所向学校捐赠了笔筒树、海南黄花梨、金丝楠木树苗、浙江楠木树苗等珍稀树种，标志着温州首个亚热带珍稀植物园落户温州市学生实践学校。其中的笔筒树可是大有来头！它们比恐龙还早 1.5 亿年左右出现在地球上，树叶是剑龙和蜥脚类恐龙的主要食物，成株高大挺拔、树形美丽、树姿优雅，非常具有观赏价值。还要特别说明的是，笔筒树在古生物学、古气候等方面都具有重要研究意义，被称为“活化石”，已经被列入国家二级重点保护野生植物和中国珍稀濒危植物名录。

实践学校里，还“藏”着全国首家以院士为主题的楹联馆——温州院士楹联馆。走进展馆，首先映入眼帘的是中国艺术研究院博导、中国美术学院书法学院学术院长、温籍书法家陈忠康所题的“温州院士楹联馆”牌匾。馆内还随处可见名家墨宝。院士楹联馆收录着 47 位温籍院士的嵌名联，并邀请了 47 位温籍书法家书写，一联一意，文韵悠长。

得益于校内丰富、独特的科普实践资源，一些国家、省、市级青少年比赛纷纷来到学生实践学校举行，其中或许就有你曾经参加过的比赛。比如学校已经多次承办温州市青少年航空航天创新比赛，全市各地赶来的“小小飞行员”齐聚一堂，趣味比拼纸飞机滞空时长、旋翼机竞速、航空文化解说口才等，在学习航空航天科普知识的过程中，养成动手与创新能力。

基地小名片

温州市学生实践学校位于温州市瓯海区潘桥街道福州路 1111 号，是教育部与温州市人民政府共同投资建设的国家级示范性实践基地、全国中小学生研学实践教育营地、全国科普教育基地。学校占地面积约 470 亩，水域面积近 80 亩，是浙江省教育系统校园面积最大的公办学生科普实践基地和研学营地。学校具备全国一流的硬件接待条件，共有 50 个学生实践功能室、20 个实践教育主题场馆，设有 200 多门课程，日接待量可达 1200 人。

温州动物园
——“Zoo Walk”，松弛中探寻生物奥秘

山花点缀漫山遍野，鸟语蝉声回荡其间。想要领略这样的风景，不如在温州动物园来一场“Zoo Walk”，与萌宠合影打卡，与动画片中的角色原型亲密互动，在边玩边看的松弛感中探寻大自然的奥秘、学习无穷的科学知识。

当你在园中目睹了生物的灵动多姿，感受到世界的千般风采，或许，你才会真正理解生命的平等，领悟到人与自然和谐共生的价值理念。

按图“探险”，来跟“丁满”约会吧

来到动物园，自然少不了与软萌可爱的动物们亲密“约会”。温州动物园采取国内外先进的放养与生态型馆舍相结合的形式展出动物，也就是说，你在园内闲逛时，不经意间就会跟萌宠们偶遇。快看！前面在游客步道上散步的就是蓝孔雀，它们展开五彩缤纷的尾屏，向大家“炫”出最耀眼的一面。

温州动物园里生活着来自世界各地的珍稀野生动物 115 种 750 余只，无论是体肥笨拙的犀牛、憨态可掬的亚洲象，还是聪明伶俐的猴子、威风凛凛的东北虎，抑或是拥有“鬼魅之脸”的山魈、被称为“鸟中大熊猫”的黄腹角雉，等等，你都可以在这里一睹真容。除此以外，还有长颈鹿、黑猩猩、北极狼、非洲狮、丹顶鹤、金刚鹦鹉等一大批动物都在温州动物园里安了家，只要按照园内地图去“探险”，你就可以前往它们家里“做客”了。

动物园里的萌宠，每年还在不断增加。2024 年，温州动物园“添丁进口”，迎来了一大批“龙宝宝”——细尾獴、麋鹿、

节尾狐猴、斑马、狒狒、盘羊、矮马等。其中的细尾獴是温州动物园首次引进，喜欢看动画片的小朋友对它肯定不会陌生，

因为它正是电影《狮子王》里“丁满”这个角色的原型。这次引进的12只细尾獴来自南非的卡拉哈里沙漠，它们很快就适应了温州的新家，在洞里钻进钻出，萌态百出。“搬家”不到一年的细尾獴“女王”，前不久生下了一对双胞胎“公主”，再一次“萌”上全网热搜。

老虎吃什么“月饼”？我们一起来定制

来温州动物园，不仅可以参观萌宠的生活起居，还可以参加一系列趣味活动。

河马“小胖”与“吉利”是一对相伴20多年的“模范夫妻”，它们在温州陆续生下7只河马宝宝。最小的宝宝在2024年7月出生，温州动物园公开向社会征名，希望大家为它取个好听又响当当的名

字。不少来园参观的小朋友都兴致勃勃，你一言我一语地为小河马取名。在小河马“百日宴”当天，动物园从159个征名中选取了“七七”为它“上户口”。一部分参与投稿的亲子家庭还受邀来到动物园，为河马宝宝“七七”制作专属“百日蛋糕”，在游玩嬉闹中学习河马的食性与习性。

中秋节吃月饼，有人选择蛋黄月饼，有人偏爱莲蓉和豆沙月饼，萌宠们又会喜欢什么口味呢？温州动物园在中秋组织亲子家庭为动物们定制不同口味的“月饼”。俏皮的猕猴们收到了美味的“杂粮月饼”，凶猛的东北虎吃到的是足料“鲜肉月饼”，而细尾獴们则偏爱专属“竹筒月饼”……小朋友们在动手制作“月饼”的过程中，学习动物的生活习性和营养需要，潜移默化地增长见识，扩大知识面。

趁着夜色探访动物园，观察动物们的“夜生活”，光想想是不是就很让人期待呢！温州动物园满足小朋友的“猎奇”心理，在微信公众号上发布夜游动物园的招募公告，不少小朋友听闻这个消息后，直呼“我也要去”。当大部分动物睡觉后，金钱豹却精神奕奕，虎妈、狮妈正带娃巡视领地、传授生活本领，蛇倾向于晚上活动捕食……参加夜游动物园活动，一定会让你有意想不到的收获与体会。

结交“大”朋友，试着当个“大象铲屎官”

作为浙江省科普教育基地，温州动物园还别出心裁地推出了形式多样、丰富多彩的科普宣传活动，让每一个来园观光研学的小朋友都能高兴而来、满载而归。

比如母亲节时，温州动物园开展以“动物园里的育儿趣事”为主题的母亲节公益活动，邀请亲子家庭参观两栖爬行馆、生态猴房、水禽湖区域等动物馆舍，向孩子们讲述动物的外形特点、生活习性、育儿故事和亲情故事；世界大象日当天，动物园招募亲子家庭结交“大”朋友，工作人员带领小朋友进入象馆内部当一天的“大象铲屎官”，同时还指导大家用苹果、洋葱、青草、窝窝头等食材为大象制作特殊“蛋糕”；4 月是鸟类繁衍生息的最佳季节，温州动物园策划开展“爱鸟周”系列科普活动，向大家普及鸟类知识，提高公众参与保护野生动物的意识……

如果你是一个认真观察生活的小朋友，那么你很有可能在动物园里发现他们的一个小创意——园内上新了一批特殊的手

绘科普宣传牌。这些科普牌，用简笔画和文字形象生动地介绍了动物的类型特征、亲属关系、分布范围、居住环境等科普知识，文字清新质朴、漫画幽默风趣，一下子就能吸引小朋友的注意力。更好玩的是，科普牌上还留有“互动式问答”和空白部分，鼓励小朋友们从被动接受信息者变成主动探索者，与动物科普知识产生更深的互动，从而在玩乐中增长见识，培养对自然生态的敬畏之心和保护意识。

基地小名片

温州动物园位于温州市瓯海区雪山路 367 号景山森林公园内，占地 284 亩，海拔 150 米，展出来自世界各地的珍稀野生动物 115 种近 750 只，是浙南地区集游览、科普、科研、野生动物保护等功能于一体的综合性动物园。温州动物园是浙江省科普教育基地、浙江省生态环境教育示范基地，每年举办绘画比赛、动物征名、特色节日等主题鲜明、内容丰富的宣传教育活动，充分发挥动物园野生动物保护、生态环境科普教育的重要功能。

温州大学航空航天馆
——化身小航天员，探索星辰大海

几乎每个孩子都有过关于天空的梦想，每当我们抬头仰望星空的时候，宇宙的神秘和深邃总是拨动着我们的心弦。在温州，有一个充满奇幻与奥秘的地方，那就是温州大学航空航天馆。这个场馆宛如一座通往星辰大海的魔法城堡，吸引着无数青少年前来探索，开启一场别开生面的航空航天之旅。

每一次对太空的叩问，都是下一次探索的开始

在航空航天馆门口的大草坪上，停着初教 -6 真机和 C919 仿真大飞机，非常惹眼。孩子们排着队，迫不及待地想要体验一把当空军飞行员的感觉。坐上被誉为“空军摇篮”的初教—6 真机驾驶舱，戴上耳机，孩子们手握操纵杆，脚踩踏板，仿

佛真的驾驶着飞机在天空中翱翔。“哇，太刺激了！”“我要当一名真正的飞行员！” 孩子们兴奋地呼喊着，脸上洋溢着自豪的笑容。而在C919仿真大飞机的机舱内，一场紧张刺激的“紧急迫降”安全演习正在展开，小乘客们不仅学习了乘坐飞机的安全守则，还演练了防冲击姿势和救生衣的穿戴和使用，最终成功滑下逃生滑梯，安全撤离。

一走进SPACE航天馆，首先映入眼帘的是被行星环绕的航天员雕像，他身着厚重的航天服，“悬浮”在星空中，眼神坚定地望着远方，仿佛在诉说着人类探索宇宙的决心和勇气。那威武的身姿，瞬间点燃了孩子们心中对太空的憧憬与向往。这里也是孩子们必“打卡”的地方。

沿着宽敞明亮的通道前行，我们来到了第一个主题区——航天展览区。映入眼帘的是一句“每一次对太空的叩问，都是下一次探索的开始”，一下子期待值拉满。从古代屈原的《天问》，到新中国发射的第一颗卫星——“东方红一号”，从火星探测到FAST“中国天眼”，中国人探索太空的脚步从未停止。

“这就是我国的‘长征’火箭家族。它可以把航天员送上太空，进行各种科学实验和探索任务。”场馆的讲解老师指着

一座座火箭模型说道。孩子们围在模型前，仔细地观察着每一个细节。他们看到了火箭的助推器、整流罩、逃逸塔等部分，对火箭的结构有了更直观的认识。在“两弹一星”沙盘前，看着那朵腾空而起的“蘑菇云”，听着钱学森、于敏、郭永怀等科学家们的感人故事，孩子们被“干惊天动地事，做隐姓埋名人”的精神深深震撼着。

进入 AIR 航空馆，孩子们进入第一站——航空展览馆，徜徉在人类航空发展的漫漫历史长河中，从古代的风筝、孔明灯到现代的喷气式飞机，每一个阶段都凝聚着人类的智慧和勇气。孩子们围在展品前，聚精会神地听着讲解老师讲述着那些关于征服蓝天的传奇故事。

“你们知道吗？早在两千多年前，我国的古人就发明了风筝。那时候的风筝可不仅仅是玩具哦，它还被用来传递信息和探测风向呢。”讲解老师生动的讲述让孩子们听得入了迷。他们充满了好奇，纷纷提出各种问题：“那孔明灯又是怎么飞起来的呢？”“世界上第一架飞机是谁发明的呢？”“中国的航母上都有哪些飞机呢？”讲解老师耐心地一一解答，让孩子们在轻松愉快的氛围中学习了航空知识。

寓教于乐，在孩子们心中种下星空的种子

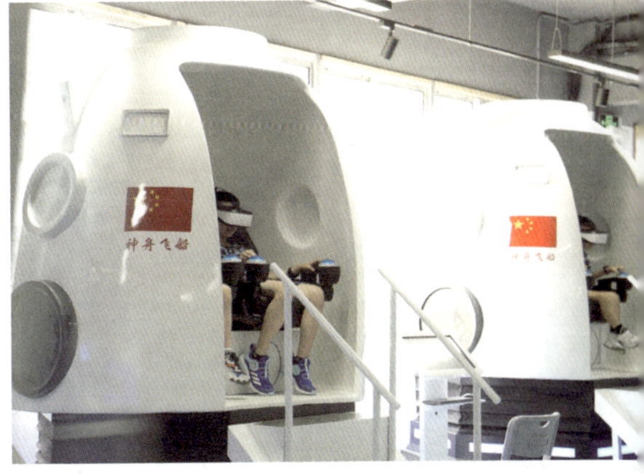

除了展览展示以外，航空航天馆还有很多其他有趣的体验区，比如神舟飞船 VR 体验区。戴上 VR 眼镜，坐上飞船，孩子们变身航天员，置身于梦幻般的宇宙壮景中，空间站灯光闪烁，行星形态各异，星系斑斓夺目。这种沉浸式的体验寓教于乐，也让孩子们对宇宙的奥秘产生了更加深刻的认识。

在“登陆月球”航天员打卡区，孩子们可以身穿航天服，体验一把航天员成功“登陆月球”，在月球上插上五星红旗并拍摄一张属于自己的在月球

上俯瞰地球的照片，一定会成为童年不可磨灭的宝贵记忆。

此外，模拟飞行设备也是孩子们的最爱之一。他们通过遥控器或操控台操控，在虚拟的环境中完成各种飞行任务。这种既安全又有趣的体验方式，让孩子们在轻松愉快的氛围中体验

战斗机、直升机、民航客机等不同机型的驾驶乐趣。而通过无人机模拟飞行器的飞行训练，孩子们在掌握无人机的驾驶技巧后，还可以到无人机实飞区一展身手，操控真机穿越重重障碍，挑战实飞任务。

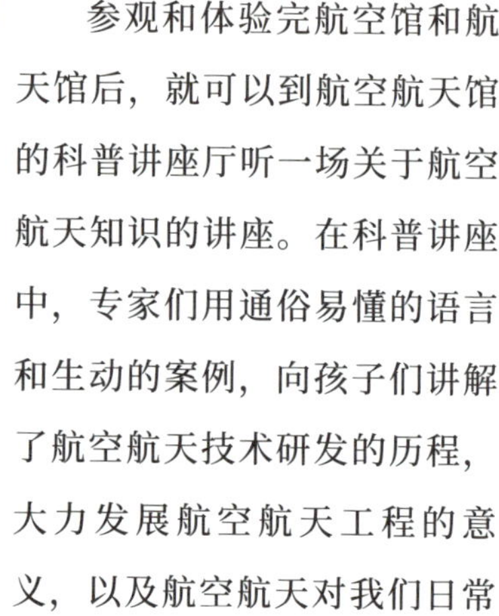

参观和体验完航空馆和航天馆后，就可以到航空航天馆的科普讲座厅听一场关于航空航天知识的讲座。在科普讲座中，专家们用通俗易懂的语言和生动的案例，向孩子们讲解了航空航天技术研发的历程，大力发展航空航天工程的意义，以及航空航天对我们日常生活的影响，让孩子们对航空航天有了更加直观和深入的认识。同时，专家们还分享了自己在航空航天领域的亲身经历和感悟，激发了孩子们对航空航天事业的热爱和向往。

除了丰富的知识讲解，航空航天馆还为孩子们准备了各种有趣的科学实验和科创实践。在“银河实验室”里，孩子们可以亲手组装走马灯、涡轮发动机、电动飞机等装置，并完成相关的流体力学实验。通过这些互动实验，孩子们不仅学到了知识，还培养了动手能力和创新思维。

据航空航天馆负责人介绍，因为依托温州大学的高校资源，航空航天馆在设计研学课程的时候是“用培养科学家的方式培养孩子”的理念去设计，让孩子们能在玩中学，学中研。航空航天馆还邀请南京航空航天大学的专家教授共同研发课程，通过定制化的课程设计、专业的讲解服务和沉浸式的实操体验，为孩子们提供了一站式的深度科普研学体验。目前场馆已有200多门课程和500多个科学实验可供选择，是目前国内项目品类最丰富，课程体系最全面的航空航天类主题场馆之一。

温州大学航空航天馆不仅是一个科普场馆，更是一个激发孩子们梦想的地方。在这里，孩子们可以近距离接触航空航天的神奇与奥秘，感受人类探索宇宙的伟大精神。他们的心中种下了一颗热爱科学、追求梦想的种子，在未来的日子里，这颗种子会生根发芽，茁壮成长，我国的航空航天事业会出现更多的优秀人才。

基地小名片

温州大学航空航天馆位于温州市鹿城区学院中路276号温州大学学院路校区，是温州市科普教育基地。基地由SPACE航天馆和AIR航空馆两大场馆组成，分为十七大主题区域，包括星际穿越、银河漫游、登陆月球、华夏问天、神舟载人、太空探索、空军摇篮、模拟飞行、蓝天逐梦、中国机长、值机安检、航空运动、超级飞手、机甲大师等主题区域。目前基地已有航空航天各类展品和教具2000多套，以及各类体验设备300多套，所有设备均可开展互动型、参与型科普教育活动，让参与者零距离体验航空航天科技的无穷魅力。

乐清市花果部落教育基地
——大地为纸，农田作笔，绘就成长画卷

在温州乐清的怀抱中，藏着一个被大自然“宠溺”的小村庄，它以一种前所未有的创意，将学习与自然的魔法巧妙融合，为青少年们推开了一扇通往大自然奥秘与劳动智慧的梦幻之门。这里，就是乐清市花果部落劳动基地——一个让大地化身学校，农田成为课堂的神奇之地。让我们一起踏上这段探索之旅，走进这个充满活力与奇迹的小村庄，见证它的春华秋实，亲身体验“劳动最光荣”的深刻内涵。

草莓住进了“智能豪宅”

“看，那就是北塘草莓基地，是我们北塘村致富的秘密武器！”刚踏入北塘村，一位满脸笑容的老人指着草莓棚，眼里满是自豪。北塘村，这个曾经资源匮乏、环境脏乱、百姓贫困的落后小村，如今已蜕变成四季花开不败、果香四溢的美丽家园。

这一切的神奇变化，都要从草莓说起。这里的草莓住进了“智能豪宅”。北塘村不惜重金，引入了智慧农场云平台、数字化调控装备系统等高科技，打造了一个占地 4 亩多的现代化智慧大棚，实现了草莓的数字化栽培。于是，“北塘草莓”在草莓界声名鹊起，每千克售价高达 120 元，却依然供不应求。

这个智慧大棚，还成了孩子们眼中的科普乐园。他们惊叹于这里的高科技，与传统草莓大棚截然不同。这里的草莓采用

了气雾式、水培式等六种高科技栽培方式，只需动动手指，在手机上就能控制棚内的湿度、温度、光照等。走进大棚，形态各异的草莓仿佛在诉说着科技的故事，有的种植在水中，有的悬挂在空中，还有的栽种在花盆里，总数超过一万株，让人目不暇接。

随着“北塘草莓”的走红，基地又巧妙利用自然资源，设计了一系列寓教于乐的研学活动，让这片土地焕发出前所未有的活力。如今的花果部落劳动基地，不仅吸引了周边城市的游客，更成为众多学校和教育机构争相合作的研学胜地。在这里，孩子们可以亲密接触大自然，亲眼见证农作物的成长，深入了解农耕文化，尽情享受劳动的乐趣。

四季更迭绘就成长画卷

春天，当万物复苏，花果部落便化身为一幅生动的画卷。走进基地，首先映入眼帘的是那片金黄色的油菜花田，仿佛是大自然铺开的金色地毯，让人忍不住沉浸其中，感受春天的气息。花期过后，这片油菜花田又变成了“宝贝”，孩子们在基地老师的带领下，亲手榨菜籽油，体验农作物从田间到餐桌的全过程。“原来油菜花的名字是这样得来的啊！”孩子们兴奋地感叹道。

随着季节的变换，花果部落的景色也在不断变化。夏天，

葡萄架上挂满了晶莹剔透的葡萄，孩子们一边品尝美味的葡萄，一边聆听葡萄的品种和酿酒工艺；秋天，花田里的百日菊竞相绽放，孩子们在花海中嬉戏，同时体验采摘“甜橘柚”的乐趣，学习如何分辨柑橘类的品种和成熟度；冬天，虽然大部分果树进入了休眠期，但部落里的温室大棚却依然绿意盎然，孩子们在这里可以看到草莓等水果的生长过程，感受现代农业的神奇魅力。除了这些水果，部落还种植了枇杷、火龙果、桑葚、柚子、甘蔗等十多种水果，供孩子们研学和采摘。

在花果部落，每个季节都有它独特的风景和故事。孩子们在这里，不仅能欣赏到春华秋实的美丽景象，更能在大自然的怀抱中感受生命的成长与变化，学会珍惜大自然的每一份馈赠。

研学体验“劳动最光荣”

在花果部落，大地是最好的学校，农田是最生动的课堂。

如果你愿意花一整天的时间留在这里，那么你将体验到一场丰富多彩的劳动盛宴，做午餐、水果采摘、制作罐头、户外拓展等活动应有尽有，让你的旅程充满惊喜。

基地结合二十四节气，开设了松土、翻地、播种（栽种）、施肥、采摘等适合中小学生的农事劳动实践体验活动。同时，还研发了自制七彩果蔬面条、竹筒饭、橘罐头、葡萄柚甜橘柚粒粒汁、番薯黄夹等近20项农业特色劳动实践研学课程。

秋天，正是制作橘子罐头的好时节。孩子们在基地老师的带领下，亲自去果园里采摘新鲜的橘子。在随后的制作过程中，他们会学习如何挑选优质的橘子、如何剥皮去籽、如何熬制糖水等步骤。当看到自己亲手制作的橘子罐头成品时，孩子们的脸上洋溢着自豪与喜悦的笑容。

此外，部落还定期组织亲子农耕运动会、农事知识竞赛等活动，让孩子们在轻松愉快的氛围中学习农耕文化，增强团队协作能力。这些活动不仅丰富了孩子们的课余生活，更让他们在劳动中学会了坚持、合作与分享，懂得了珍惜劳动成果，培养了良好的品德和习惯。

在乐清花果部落，劳动不仅仅是一种行为，更是一种精神。它教会孩子们尊重自然、敬畏生命，让他们在实践中感受劳动带来的快乐和满足。正如一位参与过研学活动的孩子所说："在这里，我真正体会到了'劳动最光荣'这句话的含义。通过自己的努力，我不仅收获了果实，更收获了成长。"

基地小名片

乐清市花果部落科普教育基地位于温州市乐清市清江镇北塘村的花果飘香田园综合体内，是温州市科普教育基地。基地依山傍海，环境优美，总面积达 3000 亩，涵盖了农业种植园、花海等休闲农业项目。这里四季花开不败、果香四溢，可全年不间断地开展劳动实践活动。基地拥有独立的营地场所，占地 8240 平方米，建筑面积 6300 平方米，自主研发了多种农业特色科普教育研学课程。自 2022 年 9 月试运营以来，基地已接待研学团队超 4 万人次，成为青少年们探索自然、体验劳动乐趣的理想之地。

翔宇昆虫贝壳博物馆
——从森林到海洋，探索生命演化的力量

在温州市永嘉县瓯北新区，隐藏着一个神秘而迷人的地方——翔宇昆虫贝壳博物馆。这里仿佛是一个自然与科学的梦幻世界，由昆虫博物馆和贝壳博物馆两馆组成，引领着无数青少年踏上一段从森林到海洋的奇妙探索之旅。

昆虫博物馆——蝴蝶的梦幻与甲虫的威武

当你踏入翔宇昆虫博物馆的那一刻，仿佛穿越到了一个神奇的世界。这个占地 750 平方米的展厅，犹如一个巨大的昆虫王国，收藏并展示了来自全球各地的 1500 多种昆虫标本。这里不仅是一个科学的殿堂，更是一个艺术的天地，用科学的视角和艺术的形式，为你打开一扇认识世界的大门。

走进蝴蝶传奇区，你将被眼前这色彩斑斓的蝴蝶世界深深震撼。猫头鹰环蝶用它那3D立体的大眼斑，仿佛在向天敌展示着它的威严与勇气，保护自己免受伤害。而四大美蝶——海伦娜闪蝶、尖翅蓝闪蝶、塞浦路斯闪蝶和夜明珠闪蝶，则如同四位优雅的舞者，在阳光下翩翩起舞，翅膀上闪烁着耀眼的光芒，令人陶醉。枯叶蝶则是一位聪明的伪装者，它用拟态的方式将自己完美地隐藏起来，躲避天敌的追捕，展现了生命的智慧与勇气。

再往前走，就来到了昆虫帝国区。各种昆虫在这里繁衍生息，展现着大自然的神奇与魅力。战神犀金龟作为甲虫中体型最大的种类，威风凛凛地守卫着这片土地，它的威武与力量让人敬畏。

“南洋三剑客”——亚特斯拉斯犀金龟、高加索犀金龟和婆罗洲犀金龟，则各自拥有独特的魅力和力量。它们或勇猛善战，或智慧狡猾，或美丽动人，成为了昆虫世界中的佼佼者。甲虫帝国沙盘为孩子们提供了一个想象的舞台，可以感受到大战一触即发的紧张氛围。

昆虫艺术区则充满了艺术与创意。这里展示着各种用蝴蝶翅膀创作的时装画作品和蝴蝶拼图作品。这些作品不仅展示了昆虫的美丽与神奇，更激发了人们的艺术灵感和创造力。看着这些美丽的作品，仿佛能听到蝴蝶翅膀轻轻扇动的声音，感受到大自然的温柔与美好。

贝壳博物馆——生命演化的见证者

走出昆虫博物馆，来到贝壳博物馆，这里同样充满了惊喜与奇幻。这里收藏并展示了来自 71 个国家和地区、190 多个科、2000 多种贝壳标本及其相关化石。

走进贝壳文化区，你会被这里展示的各种贝壳所吸引。一进门的

四大名螺——万宝螺、唐冠螺、大法螺和鹦鹉螺，更是让人赞叹不已，其中万宝螺被收藏家视为招财进宝的吉祥物。再往前走看到的黄宝螺则是最常用的“货币”之一，它的价值不仅在于外表的美丽，更在于它所承载的文化意义。

然而，并不是所有的贝壳都能吃，有些贝壳甚至是有毒的，如杀手芋螺。你还可以看到世界上最大的双壳类软体动物——砗磲。这种贝壳巨大而美丽，宛如一座海底的宫殿，让人心生敬畏。讲解员告诉我们，砗磲的寿命长达百年以上，是海洋生态系统中不可或缺的一部分。

贝壳化石历史区则展示了来自 7000 万年前甚至是 5 亿多年前的海螺化石。这些化石是所有贝壳的祖先，它们见证了地球历史的变迁和生物演化的过程。这些化石不仅具有极高的科研价值，更让我们感受到了大自然的神奇与伟大。

青少年研学——互动与实践的乐园

翔宇昆虫贝壳博物馆不仅是展示自然之美的殿堂，更是青少年研学的乐园。这里为青少年提供了丰富的研学课程和互动体验项目，让他们在游玩中学习，在学习中成长。

博物馆的研学课程包括昆虫观察与识别、贝壳分类与鉴定、海洋生物科普讲座等。这些课程不仅涵盖了丰富的科学知识，更注重实践操作和动手能力的培养。

在贝壳博物馆，孩子们可以亲手制作贝壳手链、贝壳画等作品。他们可以根据自己的喜好和创意，将贝壳组合成各种美丽的图案和形状，创作出独一无二的艺术作品。这种动手实践的过程不仅让孩子们感受到了艺术的乐趣，更培养了他们的创造力和想象力。

“虽然网络上也有例如制作海胆灯的材料包，但在博物馆制作，还可以了解到海胆的种类、生长过程等知识，培养孩子对海洋生物的兴趣，是在其他地方获取不到的。”博物馆工作人员表示。

在昆虫馆，孩子们还可以制作昆虫标本。每当天气晴朗的时候，老师们就会带着孩子去户外用网兜扑蝴蝶，然后回到博物馆内跟着老师的指导一步一步制作蝴蝶标本。这个过程既生动又有趣，让孩子们在动手实践中学习到了昆虫的知识和制作标本的技巧。

这些研学活动和互动体验项目不仅让孩子们学到了知识，更让他们感受到了生命的力量和艺术的美好。他们在这里学会了如何观察、如何思考、如何创造，这些能力将伴随他们成长，成为他们未来学习和生活中不可或缺的一部分。

基地小名片

翔宇昆虫贝壳博物馆位于温州市永嘉县瓯北镇罗浮大街北端温州翔宇中学内，是浙江省科普教育基地。昆虫馆收藏并展出来自全球各地的昆虫1500多种，更以科普的视角、艺术的形式倾力打造美丽的蝴蝶世界和神奇的昆虫王国，为你开一扇认识世界的大门。贝壳馆收藏并展出来自71个国家和地区、190多个科、2000多种贝壳标本及化石。囊括海生、淡水和陆生的贝壳标本，覆盖多板纲、腹足纲、双壳纲、掘足纲、头足纲等软体动物门下的主要纲目。

泰顺县大溪源蝴蝶谷
——静谧山村到研学乐园的华丽“蝶变”

蝴蝶，这个自然界中的浪漫精灵，与美好和梦幻紧密相连。古今中外的文学作品中，蝴蝶的形象总是令人向往。而今天我们要带大家走进的是温州泰顺的一个神奇村庄——大溪源。这里曾是一个默默无闻的小村落，但现在，因为蝴蝶的到来，它焕发出了前所未有的活力与魅力，成为了一个生态旅游和研学的热门胜地。

群山环抱之中，溪水潺潺流淌，自然风光美不胜收。大溪源里的蝴蝶，就像是这片土地的精灵，它们翩翩起舞，为这片土地增添了无尽的生机与活力。

蝴蝶——这里的绝对“明星”

大溪源村，这个名字听起来就充满了诗意和画意。它坐落在洪溪支流的源头，溪水清澈，山峦叠翠。这里地形独特，峡谷纵横，古老的村居散落在溪畔，石桥横跨溪流，构成了一幅“小桥流水人家”的美丽画面。而这样的环境，正是蝴蝶们梦寐以求的栖息之地。

走进蝴蝶谷，你就像进入了一个蝴蝶的世界。这里的蝴蝶种类繁多，全年共有 60 多万只蝴蝶在这里翩翩起舞，品种多达 38 种。

村口的湿地公园科普宣教馆的二层是一个自然展览馆。这里陈列着近千种蝴蝶的标本。展览馆还融入科普教学和创意产品，通过多媒体、AI 互动等沉浸式体验方式，让游客们能够更直观地了解蝴蝶的习性、分类和分布。

但如果你以为这就是蝴蝶谷的全部，那你就大错特错了。出了自然展览馆沿着溪流再往前走，你会看到三座玻璃房，它们分别是斑蝶部落、凤蝶部落和蛱蝶部落。在这里，你可以近距离地观察这些美丽的蝴蝶，感受它们翅膀上细腻的纹理和绚丽的色彩。如果你喜欢画画，这里还是一个绝佳的写生地。

大溪源蝴蝶谷不仅是一个观赏蝴蝶的好地方，更是一个充满科普知识和实践体验的研学实践基地。除了自然展览馆和蝴蝶部落，这里还有溪源虫舍。在这里，你可以亲眼看见蝴蝶从卵到幼虫，再到蛹和成虫的全过程。破茧成蝶的瞬间，总是让人惊叹不已。

此外，蝴蝶谷还开展了许多有趣的课程，比如手工制作“招蜂引蝶水”、制作蝴蝶标本等。这些课程不仅能让你更加深入地了解蝴蝶，还能培养动手能力和创造力。而这里的工作人员也研发出了许多蝴蝶主题的文创产品，如项链、耳环、戒指、丝巾、帽子和摆件等，每一件都让人爱不释手。

昆虫——大自然的奇妙小生命

在大溪源蝴蝶谷，昆虫们也是不可或缺的主角之一。这里为学生们开发了10余套体验课程，其中“昆虫总动员”就是最受欢迎的课程之一。

在“昆虫总动员”课程中，小朋友们会学习昆虫的基本知识和分类方法，了解它们在生态系统中的重要作用。通过实地观察和动手捕捉昆虫，他们可以更加直观地了解昆虫的生活习性和特点。

而“蝴蝶食验室”则是一个充满趣味性的课程。小朋友们可以在这里亲手制作蝴蝶的食物，观察它们进食的过程，了解它们的营养需求和生长环境。“山野小侦探”课程则更加注重培养小朋友们的观察能力和推理能力。在老师的带领下，小朋友们到野外寻找昆虫和植物，通过观察和分析，了解它们的生长环境和习性。这个过程就像是一场探险，充满了乐趣和挑战。

当然啦，这里还有一个深受小朋友们喜爱的项目——“昆虫斗场”。在这里，两只甲虫会进行一场激烈的“格斗”，获胜的甲虫会获得“加餐”。这个项目不仅让小朋友们了解了昆虫的习性，还培养了他们的团队协作精神和竞争意识。

丛林——探险家的乐园

近年来，大溪源蝴蝶谷充分利用其优越的自然景观资源和宝贵的人文景观资源，开发出了丰富多彩的森林自然生态研学实践课程。这些课程不仅提升了学生的科学认知和实践能力，还培养了他们对自然环境和生物多样性的保护意识。

走进大溪源蝴蝶谷，你就像踏入了一个全新的世界。蝴蝶谷总面积达 3.7 平方千米，生态公益林面积高达 6000 余亩，湿地总面积也有 8.99 公顷。夏天来临的时候，你可以在这里的溪水乐园里开展一场激烈的“水枪大战”，或者在水尾湖上泛舟嬉戏。而到了夜晚，森林中的萤火虫将成为小朋友童年最美好的记忆之一。

“丛林穿越”是大溪源蝴蝶谷的另一个热门项目。在保护措施下，你可以穿越丛林，感受大自然的魅力。脚下是溪源百瀑的泉水，身边绿树环绕，空气中弥漫着高浓度的负离子。通过重重障碍到达终点时，那种成就感和喜悦感简直无法用言语来形容。

在这里，你还可以学习到许多关于植物的知识。比如，你知道哪些植物是蝴蝶的食物来源吗？哪些植物又能为蝴蝶提供栖息和繁殖的场所呢？通过实地观察和老师的讲解，你将对这些知识有更深入的了解。

总之，大溪源蝴蝶谷是一个充满魅力和神秘的地方。它不仅仅是一个观赏蝴蝶的胜地，更是一个充满科普知识和实践体验的研学乐园。在这里，你可以近距离地观察蝴蝶的美丽与神奇；可以动手制作蝴蝶的食物和标本；还可以参加各种有趣的课程和活动。快来加入我们的行列吧，一起探索这个充满惊喜和乐趣的蝴蝶谷！

基地小名片

泰顺县大溪源蝴蝶谷研学实践基地位于温州市泰顺县罗阳镇大溪源村，是温州市科普教育基地。基地以大溪源村“山、水、田、物”资源为基底，以蝴蝶、乡村、研学为核心重点，开发了昆虫斗场、蝴蝶食验室、山野小侦探等科普研学课程，深受青少年们喜爱。基地由自然展览馆、大溪源蝴蝶谷、溪源百瀑 & 丛林穿越、水尾湖划船和自然成长学院等组成，以蝴蝶科普研学为主题，开展青少年校外素质拓展教育活动、科普研学活动，为青少年们提供一个寓教于乐的科普研学观光平台。

后 记

在这个日新月异的时代，科技的力量以前所未有的速度推动着社会的进步与发展。青少年作为国家的未来与希望，他们对科学的兴趣与探索精神，直接关系到国家科技创新能力的持续提升。在这个背景下，《跟着科学游温州——走进温州市科普教育基地》应运而生，它不仅是一次对温州市科普教育资源的深度挖掘，更是一次面向青少年的科学启蒙之旅，旨在通过生动有趣的介绍，激发孩子们对科学的热爱与向往。

近年来，随着"创新驱动发展战略"的深入实施，提升全民科学素质，尤其是青少年的科学素养，已成为国家发展的重要基石。科普教育不再仅仅是知识的传授，更是一种价值观的培养，它鼓励探索、创新、批判性思维，为青少年铺设一条通往科学殿堂的坚实道路。在这个宏观框架下，温州市科学技术协会积极响应国家号召，精心策划这本走访温州市科普教育基地的图书，旨在通过实地探访、亲身体验的方式，让科学从书本走向生活，从抽象变得具体可感。

温州市作为浙江省的重要城市，不仅拥有丰富的历史文化底蕴，更在科技创新方面展现出勃勃生机。从高新技术产业园区到自然博物馆，从历史悠久的科技馆到前沿的生命科学研究中心，温州市的科普教育基地遍布各行各业，它们如同一颗颗璀璨的明珠，镶嵌在这片充满活力的土地上，等待着每一位充满好奇的青少年去发现、去触摸。

本书精选了温州市 30 个具有代表性的科普教育基地进行深入采访，这些基地覆盖了自然科学、工程技术、农业科学、生态环境、医疗卫生等多个领域，每一站都是一次科普与人文的完美融合，每一处科普教育基地都以其独特的魅力，讲述着科学的故事，传递着探索的精神。

我们希望通过这本书，让青少年读者在轻松愉快的阅读中，不仅能够增长知识，拓宽视野，更重要的是能够激发他们对未知世界的好奇心，培养他们解决问题的能力和持续学习的习惯。科学不仅仅是实验室里的瓶瓶罐罐，它更是我们理解世界、改善生活的钥匙，是每个人都可以参与并享受的乐趣。

在本书的编纂过程中，我们得到了所有被访科普教育基地的大力支持与积极配合。每一家基地都毫无保留地向我们展示了他们的科研成果、教育资源以及他们对科普工作的热情与执着。无论是专业的讲解员耐心细致的解说，还是工作人员精心安排的互动体验活动，都让这次科普之旅充满了惊喜与收获。正是有了这些基地的开放与奉献，才使得本书内容丰富多彩，生动鲜活。

同时，本书的顺利出版离不开编委会全体成员的辛勤付出与不懈努力。从初期的基地筛选、实地考察，到后期的资料整理、文稿撰写，再到设计排版、反复校对，每一个环节都凝聚着团队成员的心血与智慧。正是这份对科普事业的热爱与执着，让我们克服重重困难，最终将这份承载着科学梦想的礼物呈现在读者面前。

展望未来，《跟着科学游温州——走进温州市科普教育基地》不仅是一个阶段性的成果展示，更是开启青少年科学探索之旅的起点。我们期待，通过这本书的引导，能有更多的青少年走进这些科普教育基地，亲身体验科普的魅力，种下科学的种子，让科学的光芒照亮他们成长的道路。同时，我们也呼吁社会各界继续加大对科普教育的投入与支持，共同构建一个更加开放、包容、创新的科普环境，为培养未来科技创新人才奠定坚实的基础。

在这个充满无限可能的时代，让我们携手并进，在科学的海洋中扬帆远航，共同书写属于青少年的科普新篇章，为实现中华民族伟大复兴的中国梦贡献力量。在这趟温州市科普教育之旅的尾声，编委会祝愿每一位青少年都能在科学的世界里，找到属于自己的星辰大海。

本书编委会
2025 年 1 月